虚拟仿真与测绘地理信息实践教程

高井祥　郭宝宇　张少铖　杜卫钢　孙乾　张倩斯　编著

WUHAN UNIVERSITY PRESS

武汉大学出版社

图书在版编目(CIP)数据

虚拟仿真与测绘地理信息实践教程/高井祥等编著. —武汉:武汉大学
出版社,2024.5
ISBN 978-7-307-23976-0

I.虚… II.高… III.计算机仿真—应用—测绘—地理信息系统—高等学
校—教材 IV.P208-39

中国国家版本馆 CIP 数据核字(2023)第 170411 号

责任编辑:鲍 玲 责任校对:李孟潇 版式设计:韩闻锦

出版发行: 武汉大学出版社 (430072 武昌 珞珈山)
(电子邮箱:cbs22@whu.edu.cn 网址:www.wdp.com.cn)
印刷:武汉中科兴业印务有限公司
开本:787×1092 1/16 印张:16.75 字数:387 千字
版次:2024 年 5 月第 1 版 2024 年 5 月第 1 次印刷
ISBN 978-7-307-23976-0 定价:65.00 元

前　言

测绘地理信息类专业的特点是实践性非常强，学生在学习过程中需要通过仪器操作和实践训练来促进对课堂理论教学的理解和消化。因此，实践教学是测绘类专业人才培养方案的重要组成部分。同时，对学生实际动手能力的培养，也是提高学生分析问题、解决问题能力的有效途径之一。编写一本强化测绘实践能力和提高操作技能，融入测绘新工科内容，充分体现现代测绘科学与技术水平，突出理论和实践相统一，弘扬精益求精的职业精神和工匠精神，增强测绘法治意识及国家安全意识的教材，显得非常必要。

本书主要供测绘地理信息类专业相关课程教学以及参加测绘地理信息技能竞赛的师生使用，也可作为测绘地理信息"岗课赛证"融通学历教育教材。教材围绕1+X(测绘地理信息数据获取与处理、测绘地理信息智能应用)职业技能等级证书标准，引入行业新装备、新技术、新规范，结合实际项目案例，立足培养新型测绘地理信息应用人才。本书旨在向读者介绍测绘地理信息虚拟仿真技术，将虚拟仿真与技能训练、技能竞赛相结合，提升测绘地理信息智能化、信息化教学水平。

大学生实习实践的主要目的是适应未来岗位的需求，通过虚拟仿真技术评测大学生的实际项目操作能力，是未来大学生能力测评的手段。以赛促学、以赛促教、以赛促改，竞赛的内容可以客观地反映行业内对人才技能培养的标准，与国赛同标准的竞赛平台走入校园，有效对大学生进行能力测评，是未来大学生能力测评的发展方向；学历+通用技能(英语、计算机)+专业技能(仿真竞赛、智能应用)+思政能力(立德树人)的测评模型将为学校的人才培养提供高质量的评价标准，为高校提高人才培养质量提供有益的尝试。

技能竞赛将是测绘地理信息人才评价的重要措施，而虚拟仿真为测绘地理信息技能竞赛提供了大范围、多人次、新装备、新技术的极大支持。近年来这个趋势愈发显著，特别是新冠肺炎疫情期间利用虚拟仿真技术开展教学与竞赛，彰显了其独特的优势。本书希望加以总结，为进一步提升虚拟仿真测绘地理信息技能竞赛的办赛水平添砖加瓦。

本书在编写过程中，还借鉴和参考了大量文献资料，在此对相关作者表示衷心感谢。

由于编者水平、经验有限，书中难免存在不足之处，敬请广大读者批评指正。

编　者
2024 年 1 月

目　　录

第1章 虚拟仿真概述

虚拟仿真是一种可以创建和体验虚拟世界的计算机技术。由计算机生成,可以是现实世界的再现,亦可以是构想中的世界,用户可借助视觉、听觉、触觉等多种传感通道与虚拟世界进行自然的交互。使人们能沉浸其中,超越其上,出入自然,形成具有交互效能多维化的信息环境(见图1.1)。

图 1.1 全息 3D 智能交互数字虚拟沙盘

虚拟仿真的特点主要表现在以下几个方面:

(1)沉浸性(immersion),指高度逼真和身临其境的感觉。虚拟仿真借助输入/输出设备,让用户与虚拟世界自然地交互,为用户提供视觉、听觉、触觉等感官模拟,使用户如同身临其境。

(2)交互性(interaction),指用户感知并与虚拟世界互动。虚拟仿真的交互是指用户通过人机交互设备与虚拟环境中的虚拟对象以便捷自然的方式进行联系,而且用户的操作能够及时反馈至虚拟对象。

(3)构想性(imagination),是指根据用户的操作等交互行为,通过计算、推理等过程,得出虚拟对象的变化结果。虚拟环境的创建是由设计者想象出来的,既可能是真实世界的重现,也可能是虚拟世界构想的结果。

(4)智能化(intelligence),指虚拟仿真具有更加人性化的功能,通过其超强的计算能力,让虚拟世界获得更高的"智慧",甚至成为人类智慧的延展。

虚拟仿真被公认为 21 世纪影响人们生活的重要技术之一,它能给人带来逼真、自然的人机交互体验。虚拟现实是新一轮科技革命的代表性技术,伴随 5G 商用加速到来和"元宇宙"概念的兴起,将深刻改变人类生产生活方式,亦将成为驱动数字经济发展和产业转型升级的关键技术。随着相关技术的不断发展，未来虚拟现实技术的应用将更加广泛、更加便捷，在智慧教育、智慧城市、数字孪生等领域将得到更为广泛的应用和推广。虚拟现实(含增强现实、混合现实)产业发展战略窗口期已然形成，为此工信部、教育部等 5 部委 2022 年 10 月 28 日发布了《虚拟现实与行业应用融合发展行动计划(2022—2026 年)》。

1.1　虚拟仿真的相关技术

虚拟仿真涉及的技术比较多，包括虚拟现实(VR)、增强现实(AR)、混合现实(MR)等广义的虚拟现实技术，以及与之密切相关的三维可视化技术、互联网技术等。

1.1.1　虚拟现实技术

虚拟现实就是以计算机技术为核心，结合相关科学技术，生成与一定范围真实/假想环境在视、听、触感等方面高度近似的数字化环境。用户可以借助必要的装备与数字化环境中的对象进行交互，彼此相互影响，用户得以及时、自由地观察三维虚拟空间内的事物，获得身临其境的感受和体验。

虚拟现实技术是一种可以创建和体验虚拟世界的计算机仿真技术，是多源信息融合的交互式的三维动态视景和实体互动的系统仿真。它利用计算机生成一种模拟环境，可使用户沉浸到该环境中。虚拟现实技术借助虚拟现实终端设备提供了逼真的场景和人机交互，为用户带来了沉浸性和交互性体验(见图 1.2)。

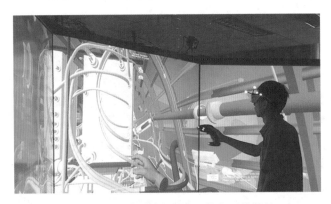

图 1.2　虚拟现实验证可装配性与可维修性

广义的虚拟现实技术包括虚拟现实技术和增强现实技术。虚拟现实技术又包括模型构建技术和空间跟踪技术。虚拟现实技术是一项具有挑战性的交互技术。模型构建技术是构建虚拟世界的技术基础，是利用计算机在虚拟世界中构造物体，保留物体本身的物理属性；空间跟踪技术是借助交互设备以及空间传感器来确定用户在虚拟世界中的方向与位置。

与虚拟现实技术不同，增强现实(Augmented Reality)是将虚拟信息叠加在以识别物为基准的某个位置，实时交互虚拟信息，以此增强视觉效果。增强现实技术应用的产品形态主要集中于智能眼镜、智能头戴式设备。增强现实技术联动人眼与现实世界，叠加业务数据影像，为用户提供了一种全新的视觉呈现方式，实现了人们对现实生活的改善需求和协助需求，在医疗、军事、视频通信、导航等领域均得到了应用(见图1.3)。

图1.3 沉浸式增强现实培训

混合现实(Mixed Reality)作为虚拟现实和增强现实的结合产物(见图1.4)，是将现实与虚拟世界合并后形成数字与物理对象共存的、可交互的全新可视化环境。在新的可视化环境里，物理和数字对象共存并实时互动，是增强现实、虚拟现实技术的终极形态。该技术通过在虚拟环境中引入现实场景信息，在虚拟世界、现实世界和用户之间搭起一个交互反馈的信息回路，以增强用户体验的真实感。混合现实技术有巨大的应用潜力，能够将现实世界与虚拟世界实现无缝融合，以一种全新的更加自然、高效的方式呈现在人们面前，将为继个人计算机、智能手机之后的新一代智能终端提供技术支撑。

图1.4 混合现实改变课堂

1.1.2 三维可视化技术

三维可视化技术包括三维数据采集、三维建模、三维显示等内容。

三维数据采集是指利用一系列传感器或者测量设备对三维立体的待测物体进行数据采集。三维数据采集包括三维空间表面信息采集和三维空间物理信息采集，具有信息量大、现场工作时间短、获取的尺寸精度高等特点。

三维建模是指根据研究对象的三维空间信息构造其立体模型尤其是几何模型,并利用相关建模软件或编程语言生成该模型,然后对其进行各种操作和处理。三维空间表面信息的建模和模拟,就是根据研究的目标和重点,在数字空间中对其形状、材质、亮度、运动等属性进行数字化再现的过程(见图 1.5)。

图 1.5　大规模 CAD 数据可视化

三维显示是指将三维模型进行渲染并显示在屏幕或其他显示装置中。三维显示技术是三维计算机图形学中最重要的技术之一,通过三维显示可以得到三维模型的最终外观效果。渲染是三维显示的一道重要工序(见图 1.6),涉及多项技术,主要包括纹理映射、光照、距离模糊、阴影、高清渲染管线(HDRP)、光线追踪等。

图 1.6　裸眼 3D 显示

1.1.3　互联网技术

随着经济社会的发展和技术的进步,互联网技术已经渗透到人类社会的各行各业,互联网的特点包括:①高效率,低成本。互联网为世界各地的网民提供了双向信息交换的途径,既可以从网上及时获取各方面的最新信息,也可以发布自己的信息和想法。②信息容量大,时效长。由于计算机存储技术的发展提供了近乎无限的信息存储空间,互联网现已成为一个涉及各类知识领域的全球最大的信息资源库。信息一旦进入发布平台，即可长期存储，长效发布。③检索使用便捷。互联网上的信息检索方便，光纤技术的运用使得信息的发送与检索瞬间即可完成。④灵活多样的入网方式。互联网解决了不同硬件平台、不同网络产品和不同操作系统之间的兼容性问题。

5G 作为面向 2020 年及以后的通信技术，将深入社会的各个领域，为未来社会的各个领域提供全方位的服务。5G 网络具有 20Gb/s 的峰值速率，传输时延达到毫秒级，支持虚拟现实/增强现实、无人驾驶、智慧城市等新型混合业务。用户体验从"只闻其声不见其人"发展为"绘声绘影身临其境"。

1.2 虚拟仿真的应用

1.2.1 虚拟仿真在教育中的应用

从场地的角度来看，教学环境可以分为教室环境、实验室环境、校园环境和社会环境。随着信息技术的迅猛发展，教学环境的数字化和虚拟化已经成为教学环境未来发展的重要方向。虚拟化的教学环境主要通过 Web 技术和其他技术来构建。

教室与虚拟教室、实验室与虚拟实验室、校园环境与虚拟校园、社会环境与虚拟社区将通过无边界的虚拟世界交叉融合，构成未来教育发展所需要的体验增强的教学环境。虚拟仿真技术与教育教学的深度融合将引发教育领域一场深刻的、前所未有的变革。

（1）理论教学。利用虚拟仿真技术辅助理论教学能够起到很好的效果。如有的学科涉及比较抽象的概念、结构和原理，对于这类内容教师仅凭课堂的讲解、简单的模型或平面示意图，很难让学生彻底明白，而依靠虚拟仿真技术，可以将上述原理、工作过程等直观、动态地呈现在学生面前，既可以激发他们的学习兴趣，也可以为抽象理论或复杂流程的学习提供有效的支撑。

（2）实验教学。虚实结合，让教师进入真实场景中展开教学；理论结合实际，让学生对理论知识的理解更加具体、更加形象。虚拟实验室是一种基于 Web 技术和虚拟仿真技术构建的开放式网络化的虚拟实验教学系统，是现有各种教学实验室的数字化和虚拟化升级。虚拟实验室为开设各种虚拟实验课程提供了全新的教学环境。虚拟实验与现实实验类似，可供学生自己动手使用实验仪器设备。学生利用虚拟器材库中的器材自由练习任意合理的典型实验或实验案例，这是虚拟实验室有别于一般实验教学的重要特征。

将虚拟仿真技术和实验教学相结合而产生的虚拟仿真实验教学是虚拟仿真技术最重要的教育应用场景。从 2013 年开始，教育部陆续发布了虚拟仿真实验教学相关的多个文件，致力于通过虚拟仿真技术促进新时代高等教育的内涵式发展，探索"智能+教育"的新的人才培养方式。国家虚拟仿真实验教学项目建设将高校的虚拟仿真实验教学推向高潮，高校的投入在不断增加。

（3）实习实训。虚拟仿真实习实训是利用网络、多媒体、仿真等技术构建的一种基于虚拟仿真系统的新的模拟实习实训方式。3D 精细场景，培养精密操作能力，实现精密的虚拟实操训练；结合 LED 投屏，实现小组多人互动交流，共同学习和成长。

虚拟仿真实习实训为职业院校创设新的实习实训模式提供了条件，在以职业技能培训

5

为主要教学目标的职业院校和注重工程实践的测绘地理信息等工科类专业教学中有比较广泛的应用。职业院校应用虚拟仿真技术开展技能培训，不仅能够对教学内容进行优化调整，降低安全风险，节约成本，提升教学效果，同时还为学生获得职业技能等级证书创造了便捷条件。利用虚拟仿真实训平台，可以改革实训技能考核模式，实现实习项目的过程考核，形成虚实结合的技能考核模式，有效提高实习技能考核的总体水平。基于虚拟仿真实训平台的考核功能，虚拟仿真实习实训平台还可用于职业技能大赛等竞赛活动。

2020年，教育部发布了《关于开展职业教育示范性虚拟仿真实训基地建设的通知》（教职成司函〔2020〕26号），提出要依托虚拟现实和人工智能等新一代信息技术不断提升应用水平，将信息技术和实训设施深度融合，以实带虚、以虚助实、虚实结合，建设符合要求并满足需求的虚拟仿真实训教学场所，搭建虚拟仿真实训系统，配置虚拟仿真实训设备，探索建立特色化实训基地。职业教育示范性虚拟仿真实训基地建设对于改革职业教育的传统教学育人手段，推进人才培养模式创新，进一步强化教学、学习、实训相融合的教育教学活动，对克服职业教育实训中看不到、进不去、成本高、危险性大等特殊困难具有重要作用。

(4)科普教育。传统科普方式主要以科技馆、博物馆、大学实验室等主题场馆运营为载体，将实物陈列在室内，公众进入场馆参观学习。现代科技博物馆更多地运用声光电、计算机软硬件、机电一体化和多媒体等技术进行有效地展示。虚拟仿真技术在气象、天文、历史、动植物、心理学等众多科普场景中都得到了应用，为创新科普形式、增强科普效果带来了机遇。按照科普活动发生的场所来划分，虚拟仿真技术可以在实体虚拟场馆和在线虚拟场馆中得到应用。

从信息化教育的角度来看，电化教育、电视教育、计算机辅助教学、互联网教育（精品课程、微课、慕课）逐步发展到虚拟仿真实验教学系统、智能教学系统。

(1)虚拟仿真实验教学系统，作为一种创建的可体验虚拟世界的计算机系统，是计算机仿真技术、互联网技术、三维可视化技术、虚拟现实技术、云计算、物联网、人工智能以及通信技术等多种高新技术集成之结晶。

虚拟仿真实验技术能够有效解决了传统实验技术和手段在实践教学中遇到的困难。特别是对于高危、高成本、高消耗及重污染的实验项目，或无法在实验室开展的大型综合实验，虚拟仿真实验展现了其独特的优势。这些限制性条件不仅阻碍了实验项目的正常开展，更是阻碍了实验教学质量的提高。然而，虚拟仿真实验却不受这些影响，它允许学生在虚拟环境中参与并体验传统实验方法难以触及的实践内容。这种创新的教学方式不仅极大地拓宽了学生的知识视野，更丰富了他们的实践经验。

信息技术的快速发展为虚拟实验室、虚拟仿真实验系统、协同实验平台、沉浸式实验软件以及开放教育资源的建设与应用提供了有力的支撑，促使实验教学理念、模式、方法及手段发生了深刻的变革。

虚拟仿真实验教学系统通常由基于互联网的实验教学管理平台与数字化的虚拟仿真实验系统构成，学生不需要亲临实验现场，也能身临其境地参与实验过程。图1.7所示为虚拟仿真全站仪测量。

(2)智能教学系统。该系统是在计算机网络、人工智能与教育学结合研究的基础上，围绕现代教育技术建立的一种全新的现代化教学模式。结合互联技术和大数据挖掘分析技术，打通院校现有课程中心、网络教学平台（见图 1.8）、AR/VR 资源平台，将院校信息技术系统连贯成一个无缝的交互系统，完美实现了针对院校的智慧教学模式有效落地。基于云服务和学生信息数据，教师能够实现智慧备课，确保课堂知识可视化、技能可学习、实训实时化，并促进互动式和交互式学习。此外，通过跟踪学生的行为轨迹和数据分析，教师可以构建学生的精准画像，从而提升教学效果。总的来说，这一智慧教学模式使教学更加生动、高效和智能化。

图 1.7 虚拟仿真全站仪测量

图 1.8 智能教学平台

1.2.2 虚拟仿真在其他行业中的应用

虚拟仿真在医疗、娱乐、艺术、城市规划、工业、旅游、地产，以及各行各业的数字化中的应用十分广泛。

（1）虚拟仿真在医疗中的应用主要体现于虚拟手术系统的研发应用。虚拟手术系统为医生提供了一个基于虚拟 3D 环境的可交互操作平台，可以逼真地模拟临床手术的全过程。利用虚拟手术系统，医生可以在对患者实施复杂手术之前进行练习，把通过成像设备获取的患者图像及模型导入仿真系统。医生还可以对实际手术做出相应的规划，或者对病变缺损部位进行较精确的前期测量和估算，从而预见手术的复杂性。运用虚拟仿真技术，医务工作者能够沉浸于虚拟的场景内，通过视、听、触觉感知并学习各种手术实际操作，体验并学习如何应对临床手术中的各类突发情况。这样有效节约了培训医务人员的费用和时间，使非熟练人员进行手术的风险性大大降低，对提高医学教育与训练的效率和质量以及改善医学手术水平发展不平衡的现状有着特殊的意义。

（2）虚拟仿真在城市建设和管理中的应用，具体包括城市应急仿真与管理、城市虚拟现实漫游、城市文化旅游可视化管理、建筑设计、交通系统虚拟仿真等。

城市应急仿真与管理系统通过对汛情、地震、台风等紧急自然灾害或公共安全事故，以及非法集会和恐怖袭击等影响重大的社会事件在虚拟现实场景中逼真还原，使一线人员沉浸地投入训练，提高其救援能力，有利于实现多部门间的跨地域联合演练，同时达到优化和验证应急策略的目的。

城市虚拟现实漫游系统利用虚拟仿真技术，体验者可在更大的场景中从任意角度、任意距离观察场景中的建筑，也可以选择多种运动模式如行走、飞行、驾驶等，并自由控制浏览路线以感受建筑与道路的布局情况，同时也支持实时切换规划方案，使体验者直观地感受到多种漫游方案并做出客观且全面的对比。

城市文化旅游可视化管理系统基于虚拟现实技术、3D GIS 技术和全景视频拍摄技术，使人们可以直观地查看文旅产业信息，包含旅游资源、行业协同管理和产业监测等。在旅游景点虚拟仿真方面，城市文化旅游可视化管理系统能够逼真地复原文化旅游景点三维场景，创建交互式的虚拟现实文化旅游体验活动，使管理部门或游客足不出户就可以浏览各个旅游景点，预先了解旅游景点相关信息。

建筑设计虚拟仿真可以作为现有建筑效果图的进一步拓展。建筑设计师运用虚拟仿真技术，不仅能够在虚拟的空间中自由创作，对虚拟空间中的事物大小、高度等进行改进和调整，同时可以了解物体的材质和功能，对立体模型进行构建、添加，对材质和颜色进行修改。

交通系统虚拟仿真使人、车、路之间的关系以更先进的方式呈现，从而实现高效安全的绿色城市交通体系构建，协助解决拥堵、事故、环境污染等问题。"智慧交通大数据可视化决策平台"以现实的城市交通设施和运力分布为基础，利用虚拟现实和地理信息系统（geographic information system，GIS）技术，构建包括城市道路、环线枢纽、航空、铁路、隧道、桥梁、车辆在内的整个城市交通虚拟仿真体系。

（3）虚拟仿真在会展方面的应用。会展是会议、展览等大型集体性活动的简称，虚拟仿真技术通过让观众佩戴数字眼镜、头显以及数据手套，能够从视觉、听觉和触觉多个方面提升观众的参展体验，使展示形式更丰富，可视性和可触性更强。

随着互联网、多媒体和虚拟仿真技术的进步，数字博物馆逐步成为实体博物馆的一个重要补充。一些大学图书馆和公共图书馆也使用了虚拟仿真技术开展图书馆三维信息资源建设实践。

（4）虚拟仿真在影视中的应用。在电影制作过程中引入虚拟仿真技术之后，制作人员可以在虚拟出的不同场景中完成电影的拍摄而不用搭建真实的场景。虚拟演播室系统也是随着计算机技术飞速发展而出现的一种新的电视节目制作系统。虚拟舞台效果的预演彩排，运用了训练彩排与数字验证系统、表演预演系统，核心理念在于对表演创意进行数据化、模型化、系统化，从而仿真整场表演。

（5）虚拟仿真在军事中的应用。虚拟战场环境可通过相应的三维战场环境图形图像库实现，包括作战背景、战地场景、各种武器装备和作战人员等。通过模拟不同的作战效果，受训者能够"真正"进入形象逼真的战场，增强临场感觉，锻炼并提高战术运用水平、心理承受能力和战场应变能力，从而大大提高训练质量。

虚拟仿真训练具有环境逼真、沉浸感强、场景多变、训练针对性强、安全经济和可控性强等特点。虚拟仿真技术可以合成战场全景图，模拟与真实的作战指挥中心极其相似的环境，在作战之前快速将复杂战场态势可视化，让受训指挥员通过传感装置观察双方兵力部署和战场的情况。

1.2.3 虚拟仿真在电子游戏中的应用

电子游戏是虚拟仿真技术的重要应用方向之一，也对虚拟仿真技术的快速发展产生巨大的需求牵引作用。现有技术已经能够通过数字平台来实现非常逼真的虚拟场景，生成逼真的三维视觉效果。参与者通过人机交互界面，轻松直观地与虚拟世界进行沟通，获得身临其境的感觉，甚至直接感受到虚拟环境中对象的反馈。游戏开发者们已经意识到电子游戏的交互方式面临着巨大的变革，人机交互方式将会有突破性进展。现在的电子游戏已经从游戏手柄中脱离出来，发展到肢体操控阶段，甚至有人提出大脑感应、意识控制等超前想法。人机交互技术的发展使人与机器的交互越来越自然，现实世界与虚拟世界正面临着融合的拐点。

图 1.9 人机交互游戏

1.3 虚拟仿真实验教学

1.3.1 虚拟仿真实验的技术要求

虚拟仿真实验在系统运行、运行环境、资源开发和教学管理等方面都有建设要求和相关的技术规范，是从事虚拟仿真实验的设计、应用、系统集成和运维、资源开发和教学管理等工作的参考，详见表1.1。

表 1.1　虚拟仿真实验系统的技术要求

指标		指标说明	最低要求	推荐要求	要求说明
系统运行	首次运行等待时长	用户首次下载虚拟仿真实验资源所需的平均等待时长	不超过5min	不宜超过60s	下载等待时间直接影响用户的使用体验，过长的等待使得教学进度无法按时完成
	再次运行等待时长	用户第二次及以后下载虚拟仿真实验资源所需的平均等待时长	不超过90s	不宜超过20s	一般从第二次起加载时长相对首次下载缩短一半左右
	实验中单次推演过程等待时长	系统通过仿真计算获取计算结果所需的时长	不超过10s	不宜超过1s	过长的等待时间会使用户体验效果严重降低，并严重影响用户进行再次数据输入和下一步操作来获取新的仿真实验结果的效率
	人机交互响应速度	虚拟仿真实验教学系统操作后的响应时长	不超过1s	不超过0.5s	人机交互响应速度是评价虚拟仿真实验的重要指标，若反应速度过慢，则会极大降低用户体验，影响虚拟仿真实验的质量
	实验操作提示信息	虚拟仿真软件以文字、图像等形式展现给学生的实验提示提醒和注意事项等信息	关键操作有提示信息	实验总体流程、关键操作步骤、软件操作方法有提示信息，并且教师可设置提示程度，能根据教学需要自动出现和消失	虚拟仿真实验软件要求在示教和训练模式下，每个操作均有明确的指导提醒，提示专业性强，实验主题明确的特点
	并发数	虚拟仿真实验要求的服务器同时响应下载仿真实验资源或实验操作的数量	30	100	并发数是指多个用户同时访问及下载资源，或进行实验操作，或运行服务器端计算等，实质占用服务器性能及其网络带宽等服务资源的最大允许用户数量，并不是仅仅指同时在线这种几乎不占用服务器端系统资源的情况。并发数不能超过服务器及网络的承载能力

续表

指标		指标说明	最低要求	推荐要求	要求说明
系统运行	并发访问排队提示	当访问用户量过多时，服务器的带宽资源不能满足新的请求时，系统应该能给出明确的排队等待提示	系统能给出排队提示	系统能给出排队提示及队列人数	当访问用户量过多时，系统的反应速度较慢，若没有相应的提示，将会导致用户放弃等待。在用户发送访问请求时，系统明确给出队列中的人数和时间，能够使用户进行有针对性的选择，缓解用户排队时的焦急
	共享必备条件	虚拟仿真实验必须能够在互联网环境下运行和服务。需要在网络服务器上进行软硬件的配置和部署，并持续进行服务	满足互联网访问，每半年中断服务次数不超过 10 次，每次中断时长不超过 24h	满足互联网访问，每半年中断服务次数不超过 5 次，每次中断时长不超过 24h	要求实验项目的开放共享服务能够持续稳定运行，保证服务器对外连通、网络不通、拒绝服务等外部用户不能访问的情况
	服务器安全保障	使用渗透测试方法对产品进行检验以验证产品是否符合产品安全标准	《信息安全等级保护管理办法》中规定的第二等级		第二等级指信息系统受到破坏后，会对公民、法人和其他组织的合法权益产生严重损害，或者对社会秩序和公共利益造成损害，但不损害国家安全。国家信息安全监管部门对该级信息系统安全保护工作进行指导
	服务器压力测试	在高并发环境中测试 CPU 的利用率、内存占用率	CPU 利用率不超过 80%，内存占用率不超过 80%	CPU 利用率不超过 70%，内存占用率不超过 70%	CPU 利用率是指运行的程序所占 CPU 资源与 CPU 总资源的比例，内存占用率指运行的程序所占内存资源与内存总资源的比例

续表

指标		指标说明	最低要求	推荐要求	要求说明
运行环境要求	中央处理器	虚拟仿真实验进行过程中有一定的运算，对客户机中央处理器（CPU）运算能力有一定的要求	Intel Core i5-7400 同等或更高配置	Intel Core i7-9700k 同等或更高配置	客户机 CPU 运算能力至少达到最低配置，才能保证虚拟仿真实验能够较为流畅地运行
	图形处理器	虚拟仿真实验过程中需要进行较为复杂的图形运算，因此对客户机的图形处理器（GPU），即显卡性能有较高的要求	NVIDIA GeForce GTX970/AMD Radeon RX580 同等或更高配置	NVIDIA GeForce GTX1060/AMD Radeon RX6700 同等或更高配置	客户机 GPU 运算能力超过最低配置，才能保证虚拟仿真实验能够较为流畅地运行。虚拟现实设备官方网站均提供了相关的硬件检测程序，以便测试硬件是否满足配置要求
	内存	虚拟仿真实验需要在客户机上配置足够的内存	8Gb	16Gb 及以上	为保证虚拟仿真实验流畅运行，客户机内存不能太低。如果虚拟仿真实验基于三维环境搭建，其运行所需的空间也相对较高
	外存	虚拟仿真实验数据缓存在本地时需要占用外存	10Gb	40Gb 及以上	客户机的剩余空间是指在外存储器上空余的存储容量，单位为 Gb。虚拟仿真实验运行所需的空间不足时将导致虚拟仿真缓慢运行甚至无法运行
	显示设备	实验在普通显示器全屏显示时的分辨率不能过低	分辨率 1024×768	分辨率 1920×1080	显示分辨率表示的是屏幕图像的精密度，是指显示器所能显示的像素有多少。高分辨率意味着显色显示器清晰度的重要前提，它不仅意味着较高的清晰度，也意味着在同样的显示区域内能够显示更多的内容

续表

指标		指标说明	最低要求	推荐要求	要求说明
运行环境要求	动作输入	在虚拟仿真实验中主要使用鼠标和键盘进行交互操作	三键鼠标（含滚轮）		在使用某些实验项目时，中间滚轮也会起一些作用。三键鼠标使用中间滚轮键在某些实验项目中往往能起到事半功倍的作用，如在三维场景中就可利用中键快速拉近推远视角，简化操作
	语音输入	在虚拟仿真实验中提供语音输入		语音识别输入	在使用某些实验项目时，会需要语音输入设备，甚至对声音定位提出要求
	客户端连接带宽	从客户端到服务器端的全程网络连接，能够达到所需访问同项目的下载和数据交换的带宽	20Mb/s	50Mb/s	连接带宽是指单台客户机访问服务器所获取的最高网速，单位为Mb。指标值是考虑大多数实验资源包大小及一般服务器带宽利用户侧带宽条件下，所需的下载速度
	服务器带宽	提供虚拟仿真实验资源的实验室服务器支持的下载带宽	1Gb/s（局域网）；100Mb/s（广域网）	1Gb/s（局域网）；200Mb/s（广域网）	需要满足用户在可接受的时长范围内下载实验资源包和流畅进行实验数据交换
	浏览器	浏览器是用户与虚拟仿真实验环境进行交互的界面		支持HTML5技术，无须安装插件	各种浏览器的厂家和版本繁多，主流版本主要基于两种内核，即IE内核和Chrome内核。其中IE内核的浏览器兼容的发布技术比较多，可以安装插件。但是新推出的一些浏览器，如Chrome等，不支持安装插件，支持基于Unity3D以WebGL方式发布的内容，主流的虚拟仿真技术发布的内容，支持在Chrome内核的浏览器上使用，而无须安装插件

指标		指标说明	最低要求	推荐要求	要求说明
资源包首次下载容量		虚拟仿真实验系统提供用户首次下载到实验场景之前首次下载的虚拟仿真实验源包大小	300Mb 以内	100Mb 以内	过大的虚拟仿真资源包需要较长的下载和渲染时间，开发人员应对其进行适当优化，明确虚拟仿真实验的主要内容，将其做得小而精，达到实验内容、项目质量、下载时长、运行性能的综合平衡
资源开发要求	显示刷新率	用户在动态浏览操作虚拟仿真实验场景时，输出在显示器上的每秒刷新显示虚拟仿真实验场景画面数量，反映虚拟仿真实验场景在计算机中运行的流畅性	16 帧/s	30 帧/s	用户在浏览虚拟仿真实验场景时不希望出现卡顿或不流畅现象。过低的显示刷新率会影响甚至影响用户操作虚拟仿真实验场景。因此，显示刷新率应依据人类视觉系统进行最优匹配，为用户提供最佳视觉体验。根据人体视觉研究以及参照频的规定，显示刷新率在 16 帧/s 以上低速照状态下不能够感觉视觉连贯，显示刷新率在 30 帧/s 以上能够感觉视觉顺畅
	实验环境逼真度	计算机生成的实验周边环境与设计脚本所述的真实实验环境的一致性程度直接影响用户在操作虚拟仿真实验过程中的体验	要求实验环境符合实际情况和公共常识	实验环境在符合实际情况和公共常识的基础上，高度还原设计脚本所述的真实实验周边环境	场景必须符合实际常识，否则该场景不能真实地表现虚拟仿真实验所要求的实验周边环境，影响用户的体验；另外，极为粗糙的三维建模和程序设计工艺也直接影响场景的逼真度，从而间接影响用户进行虚拟仿真实验的学习效果

14

续表

指标	指标说明	最低要求	推荐要求	要求说明
实验对象逼真度	计算机生成的实验对象与设计脚本所述对象的一致性，真实实验程度越高，性越高，用户在操作过程中的体验	要求实验对象符合实际情况和公共常识，实验对象的物理属性必须和设计脚本所述的真实对象的物理属性一致	实验对象在符合实际情况和公共常识的基础上，高度还原设计脚本所述的真实实验备或装置，包括表面装饰等细节特征	实验对象必须符合实际情况和公共常识，否则该实验对象不能真实地表现虚拟仿真所要求的实验场景，从而间接影响用户进行虚拟仿真实验的学习效果
实验现象逼真度	特效、音响、动画等素材与设计脚本所述的真实世界的相似性程度越高，用户在操作过程中的沉浸感效果越好	要求特效素材呈现的内容必须和设计脚本所述的真实世界所述相似，并能够表现脚本所述的真实实验现象的特征，不得出现错误、过度抽象、实验逻辑错误，过度失真等问题	要求特效等素材根据设计脚本所述的真实世界实地取景，高度还原真实场景的实验现象	在虚拟仿真实验中，虚拟的仍然是真实的场景，所以不能使用比例、颜色等严重不符的模型，同时也不能使用音的特效和动画，应该从真实世界中获取素材，保证实验过程的真实性，提高用户的沉浸感
实验结果	用户可以通过实验结果明确自己在虚拟仿真实验过程中是否操作得当	虚拟仿真实验产生的实验结果必须符合设计者的预期，用户进行虚拟仿真实验产生的实验结果必须能够正确无误地显示	在保证实验结果正确的基础上，使用丰富的颜色、音效、文字等呈现实验结果，对于实验过程中出现的严重错误要给予明显的警告	虚拟仿真实验是教学软件，必须对实验过程和结果给予客观、真实、正确的评价，结果通常包括正确的、错误的、可以但不建议的三种操作行为，软件应该对这三种行为给出正确反应

资源开发要求

续表

指标		指标说明	最低要求	推荐要求	要求说明
	用户登录	系统对用户的身份进行识别	能够通过账号密码登录进行身份识别	能够通过生物特征及账号密码进行身份识别	生物识别是指通过指纹、人脸、瞳孔识别等生物活体检测技术手段进行严格验证
	操作步骤的保存和回放	用户的操作步骤作为一种记录进行保存	操作步骤能够保存到服务器，并可恢复当前步骤	操作步骤能够保存到服务器，并可恢复当前步骤全程回放，且能控制回放速度，暂停/继续回放	在实验的过程中要记录每一步操作步骤，方便后续查看实验操作记录，也便于教师对学生操作进行考评
	实验结果的保存和恢复	用户的实验结果作为一种记录进行保存	实验结果能够保存到服务器，并可恢复	实验结果能够保存到服务器，并可恢复	为了便于教师对学生的实验结果进行考评，系统应该允许学生对实验结果进行保存(即存档)，便于后续查看结果
教学管理要求	在线指导	用户在实验过程中有疑问可获取在线指导	系统支持教师在线指导	系统能够实时智能指导，教师可在线指导	为了便于用户在实验过程中及时得到指导，系统应为用户提供快捷准确的指导和反馈，减少用户的学习阻碍，提高用户的学习兴趣
	实验报告	对用户在实验中可在线提交实验报告	系统提供在线实验编辑功能	系统能够自动生成实验报告，并提供在线实验报告编辑功能，以及上传、查看或下载验报告功能	在线编辑实验报告功能可以减少学习阻碍，提高用户的学习兴趣。实验报告中提供的重要参数和实验结果，生成实验报告模板，可以自动插入实验数据
	实验评分	对用户的实验过程和结果应该能够进行评分	系统支持教师在线人工评分，并能提供后续成绩查询	系统能够自动评分，同时支持教师在线人工评分，并能提供后续成绩查询	为了让教师对学生的实验过程和结果进行详细记录和评价，系统应提供人工评分点，自动评分是指系统从实验中自动提取评分规则，自动匹配评分规则，生成实验成绩
	后台管理	教师、管理人员能够通过教学管理后台，对虚拟仿真资源建设情况、学生在线完成情况、虚拟仿真实验的真实程度，不同层面的监管和查询	在线查看学生的实验操作时间、结果、成绩，可以对成绩进行统计及分析	在线维护虚拟仿真真实验资源，实时查看学生在线学习和操作的时间、过程、结果、成绩。管理人员可根据教师、管理人员的不同权限，查询不同范围的统计分析及报表信息	对学生的实验情况进行跟踪落实，从管理者角度去全局关注虚拟仿真实验的建设情况，应用情况，通过数据分析，以报表形式进行直观展示

1.3.2 虚拟仿真实验的常见形式

虚拟仿真实验环境的建设依赖于各种虚拟仿真实验专用设备及系统的支撑。借助多种不同类型的虚拟仿真实验专用设备及系统，使用者通过视觉等多维度的感官通道，沉浸在虚拟仿真实验环境中，获得真实的操作体验感。虚拟仿真实验环境具体包括 LED 大屏幕立体显示系统、多通道投影大屏幕立体显示系统、动作捕捉系统、桌面 VR 交互系统、沉浸式 VR 交互系统、AR 互动系统、MR 互动系统、体感式互动系统等。

1. 设备及系统选型原则

(1)适用性。设备的选择要与虚拟仿真实验的内容和目标相匹配，适应和满足教学目标和要求，不应盲目追求设备的高端和技术的炫酷。

(2)交互性。在满足教学需求和目标的基础上，选择交互性较好的设备，尽可能为学生自己动手操作创造条件，体现"教"与"学"的互动及操作的自由度、便捷性。

(3)先进性。选择的设备和系统要体现一定的先进性，为未来教学内容的更新和技术的升级留有一定的空间。

(4)经济性。综合考虑教学效果和设备造价，保证系统设备建设的性价比。

2. 虚拟仿真实验常见形式的优缺点

虚拟仿真实验常见形式的优缺点比较见表 1.2。

表 1.2　　　　　　　　　　虚拟仿真实验常见形式的优缺点比较

	占用场地	价格	显示尺寸	显示形式	交互形式	实施复杂性	教学应用场景
PC 电脑		较便宜		独立显卡	鼠标键盘	随时随地	适合集体教学
Web 网页						网速要求高	适合集体教学
手机移动			小		不能精细交互		视频播放
沉浸式 VR 交互系统	较小	较便宜	360°虚拟场景	全沉浸式显示与现实世界完全隔离，容易发生危险，有的会出现晕眩，不易长时间学习	手柄头盔	较简单	偏向个人学习，可多人协同；不太适合集体教学
动作捕捉系统	较大	成本较高	可根据场地大小定制		直接通过真实动作交互，有较强的沉浸感、代入感	技术含量高，实施相对难度较高	广泛应用于需要精准定位和捕捉动作数据场景
桌面 VR 交互系统	较小	较便宜	出厂固定		操控笔	较简单	适合小组教学也适合单人实验操作

续表

	占用场地	价格	显示尺寸	显示形式	交互形式	实施复杂性	教学应用场景
LED大屏幕立体显示系统	较大	成本高	大屏幕可拼接，尺寸可根据场地大小定制	直面大屏、弧形大屏均可以实现3D立体显示		实施、调试比较简单	一对多大班沉浸式教学
MR互动系统	较小	成本较低		有沉浸感，同时仍可观察周围环境	设备本身	较简单实验室完成	适合操作学习，可多人协同

注：优点用正体，缺点用斜体。

1）PC电脑软件仿真实验

PC电脑虚拟仿真软件是借助游戏方式，应用虚拟仿真开发引擎实现的虚拟仿真实验，简便易行，已经得到广泛应用。系统的主要硬件就是电脑，当然为了实现更好的显示效果，需要配置独立显卡，如图1.10所示。除此之外，还要有数量丰富、内容贴切、表现逼真的实验软件资源。

图1.10　PC电脑软件仿真实验

在新冠肺炎疫情期间，各地各校采取创新上课方式，充分挖掘各类在线实验实训和虚拟仿真平台资源，通过慕课、现场直播、虚拟仿真等方式进行实验、实践教学，开展了大量积极有效的探索实践。其中虚拟仿真实验课程发挥了重要作用，配合开展教学技术培训，高校开设在线实验教学课程，极大地满足了学生实验学习的个性化需求。

2）Web网页仿真实验

Web 网页仿真实验类似于 PC 电脑仿真实验,区别在于 Web 网页强调完全在线运行,鉴于当前网速等条件所限,一些较大的软件如精细的模型、复杂的实训就会出现迟滞甚至无法交互的问题。但是其优点也是显而易见的,如使用方便,无需下载安装,登录即可运行,所以大量的轻量版虚拟仿真软件得到采用,而且这些软件还可能配有强大的后台让老师能够非常清楚地了解学生的一些情况(见图 1.11)。

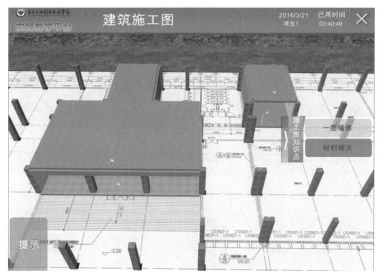

图 1.11　Web 网页仿真实验

3)手机端 H5 移动仿真

手机端 H5 是 html5 的简称,是新一代 html 版本,H5 较 html4 来说新增了很多移动端特性,所以很适合移动端开发,可以像写网页一样写游戏,而且有大量文档与插件可用(见图 1.12)。但是 H5 游戏有三大难题:①不同手机的屏幕兼容性;②操作方式的兼容性;③H5 易出现移动浏览器载入时间过长、游戏卡顿、浏览器崩溃等问题。

作为测绘地理信息仿真实训,会有精细模型、精准定位等更高要求,一般手机很难做到,目前主要是用于操作较少的理论知识讲解,主要是利用其携带方便、媒体功能较强等优点。

4)沉浸式 VR 交互系统(头盔)

沉浸式 VR 交互系统既是数米范围内以头部与手部为主的动作输入设备,同时也是立体显示输出设备,既能让佩戴 VR 头盔的单人观看,也能在小组教学时让旁观人群观看(见图 1.13)。

该系统适用于需要实验者完全沉浸在虚拟场景中,并要求对实验者进行动作识别和定位的情况。由于 VR 头盔、多自由度运动座椅等设备可以营造出多种视觉和体感,比在真实世界中更能激发人的生理和心理感知与获得反馈,如急速滑雪的兴奋、高空落地的恐惧等。因此,靶场射击练习、多人协同反恐演习、竞技滑雪、高空断桥心理测试、虚拟机械设备维修等均是比较典型的应用场景。

图 1.12　手机端 H5 移动仿真

图 1.13　沉浸式 VR 交互系统

5）动作捕捉系统（全息室）

动作捕捉系统（全息室）属于数米范围内全身动作输入设备，可以很好地实现人机互动。该系统一般适用于需要对单人或小组的动作数据进行采集的教学活动。艺术类和体育类院校的动作研究、运动规律分析，舞蹈类院校形体采集，辅助动画任务模型动作采集以及公安政法类院校警姿、战术训练等会应用到动作捕捉系统（见图 1.14）。

6）桌面 VR 交互系统（全息台）

桌面 VR 交互系统（全息台）既是实验者个人的小范围手部持笔操控动作输入设备，同时也是立体显示输出设备，显示输出既能让佩戴立体眼镜的单人观看，也能在小组教学的时候让旁观人群观看。桌面 VR 技术最大的特点是将抽象、晦涩的知识以形象、生动的方式立体地呈现在学生面前，主要适用于物体展示、原理认知等教学场景，如人体结构认知，分子、原子结构认知，贵重、精密仪器设备的拆解和组装等（见图1.15）。

图1.14 动作捕捉系统

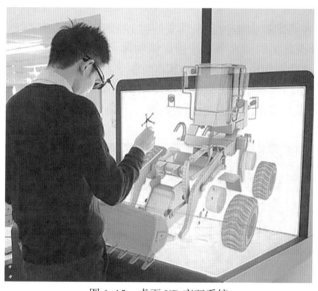

图1.15 桌面VR交互系统

7）LED大屏幕立体显示系统

LED大屏幕立体显示系统适用于采用集体教学方式，一般以大班教学为主，具体表现形式是以教师为主体进行讲解，展示教学内容，学生通过观看、听讲、操作等多种方式完成学习任务的场景。教师和学生相互配合，彼此互动，共同达成教学目标。在组织虚拟仿真实验的大班教学时，虚拟仿真实验需要以清晰、大幅面、三维立体的方式展示在师生面前，让师生以身临其境的方式融入实验场景中（见图1.16）。

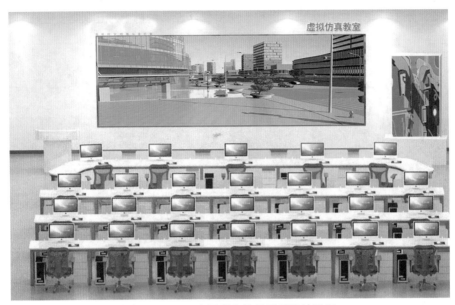

图 1.16　LED 大屏幕立体显示系统效果图

8)MR 互动系统

MR 技术是一种将虚拟物体融合在真实的世界当中，构建虚实结合场景的技术，这种技术支持使用者在真实的世界中去触碰虚拟物体，并产生与之相对应的交互反应。

MR 互动系统也具有 VR 交互系统的基本特征，使用者能直接看到现实场景，亦能同时看到显示的虚拟场景。MR 互动系统将使用者所处的真实世界与虚拟场景融合在一起，虚拟世界、现实世界和使用者之间建立起一个交互反馈的信息回路(见图 1.17)。

图 1.17　MR 虚实仿真 RTK

MR 互动系统一般应用于需要虚拟实验对象或实验环境与现实环境同时出现的实验

场景，虚拟实验对象能够自动适配现实场景的"地形地貌"，实验者可以操控虚拟实验对象，也可以操控现实世界物品。

9）虚拟仿真实验教学平台

虚拟仿真实验教学平台是服务虚拟仿真实验教学及共享的管理平台（见图1.18），可与学校信息化系统无缝集成，承载多种形式的虚拟仿真实验资源运行，实现虚拟仿真实验资源的集中管理与网络共享。

图 1.18　虚拟仿真实验教学平台

1.3.3　虚拟仿真实验存在的问题

随着虚拟仿真实验的快速发展，涌现出大量优秀的虚拟仿真实验设计和教学应用案例，但总体来说，虚拟仿真实验的设计和应用还处于探索阶段，反思其存在的问题可找出虚拟仿真实验发展的方向。

1. 虚拟仿真实验有关硬件设备尚不成熟

虚拟仿真实验使用到的显示设备除了最常见的电脑显示器之外，可选配的其他高端显示设备主要包括 VR、AR、MR 等头显终端，以及多种移动终端、三维桌面终端等。

从发展趋势看，头显终端和移动终端的使用比例在逐年提高，但是现阶段 VR 等头显终端尚不成熟，这在一定程度上限制了虚拟仿真实验的发展。第一，头显有较为明显的晕眩感。第二，头显设计和佩戴舒适度不佳。第三，VR 资源的渲染对 GPU 要求很高。第四，生产成本高，过高的价格和维护成本制约了这类设备在学校的普及。

2. 虚拟仿真实验资源的质量

虚拟仿真实验的逼真度、硬件适配性、便捷性、稳定性等是反映虚拟仿真实验资源质量的重要指标。

1）逼真度

逼真度是指虚拟实验环境、实验对象、操作过程、操作结果、变量/数据等实验构成要素的逼真程度。

一般将逼真度划分为以下 5 个等级：①非常逼真：实验场景比例结构正确，有正常的光影效果，实验对象材质效果接近真实；②逼真：操作的对象产生符合常识的声、光、电等特效，并且效果接近真实；③一般：实验对象材质贴图稍有错乱，能明显感觉到与真实实验的差别；④不逼真：实验现象不清晰，看不见变化的效果，并且缺少必要的特效；⑤非常不逼真：实验对象人物比例结构严重失调，实验对象材质不够真实，操作不符合常理，实验现象很不明显等。

可从实验环境、实验对象、实验操作和实验现象四个维度来反映虚拟仿真实验的逼真度。总体来说，能够达到逼真或非常逼真的项目占比不到一半，尤其是实验现象不逼真的问题非常突出。

2）硬件适配性

虚拟仿真实验的内容和所采用的硬件终端设备的匹配程度称为硬件适配性。虚拟仿真实验常采用的个性化硬件终端可分为以下 4 种类型：

（1）个人计算机终端（基于 Web，大多支持 Windows 系统）虚拟仿真实验主要采用的设备类型，具有共享性好，运行环境简单，成本较低的特点，一般采用键盘和鼠标交互，交互方式比较单一，沉浸感相对较差。适用于对沉浸感要求不高，但对设计性、构想性要求高的实验。

（2）头显终端，主要优势是有极强的沉浸感，空间展示效果好；劣势是需要专门搭建硬件环境，难以在线共享。实验过程需要有人在旁边照看。适用于对沉浸感有较高要求，需要走动操作、人可进入的大结构实验对象。

（3）移动终端主要优势是携带方便；劣势是屏幕小、文字输入不方便。适用于在户外等不便携带电脑设备的实验环境。

（4）三维桌面终端主要优势是立体展示效果好，有较强的沉浸感；劣势是需要专门搭建硬件环境，成本高。适用于对实验对象展示精度有较高要求的实验、中观和微观尺度的实验、对沉浸感有一定要求的小组实验。

3）便捷性

虚拟仿真实验的便捷性是指用户获取实验资源，完成实验操作，得到实验结果、实验指导等必要信息过程的方便程度。虚拟仿真实验的便捷性可通过实验资源的加载时间、实验操作的快捷性、实验的易学性等指标进行表征。

实验操作的快捷性表征了用户通过人机交互界面实施操作后虚拟仿真实验系统的响应时间。人机交互响应速度是评价虚拟仿真实验资源质量的重要指标，响应速度快就能够减少用户的等待时间；若响应速度过慢，可能会导致用户怀疑是不是自己的操作有误或网络连接出现了问题，从而大大影响用户的体验和实验效果。

实验的易学性是指用户开始实验操作后，在现场没有其他人指导的情况下，是否容易学会与虚拟实验系统自如交互，以便顺利完成预期实验操作的特性。

4）稳定性

虚拟仿真实验系统的稳定性会直接影响师生对教学的专注度和对虚拟仿真实验的信心，如果系统不稳定，那么使用者很容易产生厌烦甚至抵触情绪。

5）交互性

交互性是虚拟仿真实验的重要特征，也是衡量虚拟仿真实验质量的重要指标。虚拟仿真实验的交互性受虚拟仿真实验系统人机交互界面的便利性和虚拟仿真实验系统操作的自由度两个因素的影响。

6）构想性

构想性也是虚拟仿真实验的重要特征，与交互性紧密联系在一起。学生一旦更改参数，改变操作方法，变换设计思路，系统就会呈现相应的结果，从而大大提高了实验的效率。虚拟仿真实验的构想性主要通过"参数输入—推演—产生推演结果"这一过程来实现。

7）教学功能完整性

虚拟仿真实验系统应具备强大的实验教学功能，完整的教学功能应包括实验过程记录、在线实验指导服务、在线实验报告和在线实验评估等。

3. 虚拟仿真实验的应用评价环节缺失

在教学应用层面，虚拟仿真实验"重建设轻应用"的现象较为突出，缺少对虚拟仿真实验的应用效果评价的相关指导。"以用促建，以评促用"是实现虚拟仿真实验可持续发展的重要手段。

4. 虚拟仿真实验的共享存在困难

完整的虚拟仿真实验教学系统包括统一的虚拟仿真实验教学管理平台和与学科相关的虚拟仿真实验资源、设备等。虚拟仿真实验教学管理平台用于虚拟仿真实验教学的过程管理，承载了各学科实验教学所需的虚拟仿真实验资源。

各学校所采用的虚拟仿真实验教学管理平台数据接口没有统一，部分虚拟仿真实验资源与虚拟仿真实验教学管理平台不兼容，影响了虚拟仿真实验资源的教学应用，也不利于未来大规模开放共享。有些虚拟仿真实验教学管理平台功能过于简单，不足以支撑学校开展实验教学活动。

此外，单纯地依靠政策推动的免费共享不具有可持续性。应建立"校级—省级—国家级"三层级的资源平台，并由教育主管部门出台相关配套政策，保障平台的运行和资源共享。

第2章 虚拟仿真在测绘地理信息教学中的应用

2.1 测绘地理信息新技术

当前，技术的创新发展为测绘地理信息行业带来日新月异的变化：

（1）基础设施的发展推动行业生产服务流程的变革。2020年，我国建成了覆盖全球的北斗导航卫星系统。激光雷达、遥感卫星成为测绘地理信息数据获取的主要手段。与此同时，测绘地理信息数据获取手段逐步从传统的专用传感器向非专用传感器发展，如智能手机、城市视频监控摄像头，都将大大提高测绘地理信息数据获取能力。

（2）技术的突飞猛进推动了测绘地理信息应用的巨大变化。随着人工智能和通信技术的发展，测绘地理信息处理技术逐渐趋于智能化和自动化。5G技术和摄影测量技术的发展，三维数据采集方式呈爆炸式增长，为实景三维模型的建立提供了更加精细和可靠的三维数据，推动真三维实景。在卫星导航数据方面，装有车载天线的手机导航定位精度可达到亚米级，进一步推动了地球空间信息处理的智能化发展。

快速普及这些新技术、新设备需要虚拟仿真技术，这使得虚拟仿真在测绘地理信息有了广阔的应用天地。

2.1.1 智能光电测绘仪器

1. NTS-582 一体式智能超站仪

全站仪设备是光、机、电的结合，利用光信号与电信号的相互转换来获取位置信息，测量精度高，但是测量点间需要保持通视；GNSS设备则是在接收到卫星的电磁波信号以后，利用更加复杂的算法来确定使用者的精确位置，快速灵活，但是必须在开阔的地方保持对卫星的通视。为了充分发挥两者的优势和补偿各自的缺陷，NTS-582 一体式智能超站仪（见图 2.1 和图 2.2）利用智能操作系统的开放性，将全站仪性能与 GNSS 性能整合在一起，极大地丰富了测绘装备的应用场景。具体有以下优点：

1）一体化

NTS-582 超站仪免拆卸、组装，运输方便，全站仪和 GNSS 定位数据任意调用。利用安卓操作系统优势，将全站仪与 GNSS 结合，实现两者的软件和硬件一体化，一套设备两大系统功能，实现多场景应用（见图 2.3）。

2）降低控制点依赖

在传统作业模式下，使用全站仪作业前必须进行复杂棘手的控制测量，并执行先定向后测量的作业流程；而使用超站仪能够实现即用即测，测控一体化。通过 GNSS 测量

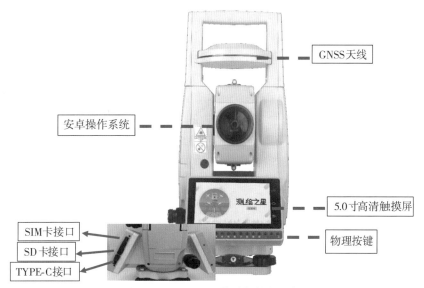

图 2.1 NTS-582 一体式智能超站仪

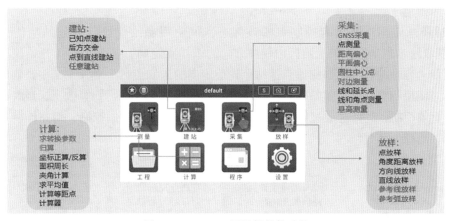

图 2.2 NTS-582 超站仪软件功能

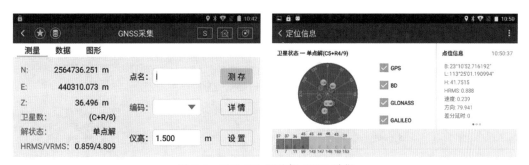

图 2.3 NTS-582 超站仪 GNSS 采集

系统，可直接测定超站仪架站位置，为超站仪架站同步提供控制点信息，实现无需加密控制即可作业，并通过优化计算可实现先测量后定向或边测量边定向。

传统全站仪作业模式需要多个已知点配合，并且需要满足基本的通视条件，继而引出新的图根点；而使用超站仪，即可不受控制点和障碍物影响，通过 GNSS 可弥补通视条件不足的缺陷。

3）无误差累积

传统全站仪作业，测量过程总是基于之前的测点，随着测量作业过程的推进，在测区范围内形成不同程度的误差累积。而超站仪在结合 GNSS 以后，测区范围内误差已经由 CORS 网络或 RTK 作业半径覆盖，因此在作业范围内大幅降低了误差累积，确保测区精度一致。

4）灵活多样的定向方法

举例如下：

（1）单点定向。在施工工地环境中，由于车辆行驶、大型施工设备操作等原因，控制点容易遭受破坏或遮埋。假设已知的两个控制点有一个被破坏而导致无法使用，可在合适的位置架设超站仪，利用 GNSS 采集功能，通过网络模式连接 CORS 或利用电台模式与基准站通信，快速获取当前架站点定位信息，根据定位点与另一个已知控制点完成建站-定向工作。

（2）任意定向。在没有控制点的条件下，可使用超站仪的任意建站功能，通过 GNSS 获取测站点坐标，瞄准测区内任一方向的未知点定向，接下来即可开始该测区碎部点测量。当超站仪由已知测站点迁站至先前定向的未知点后，利用 GNSS 获取到未知点坐标。使用归算功能，超站仪自动将原测站点的所有数据进行归算改正，最终得到正确的坐标值（见图 2.4）。通过任意定向方法，测量则不再需要做控制，架站即测量，即用即测，测控一体化。

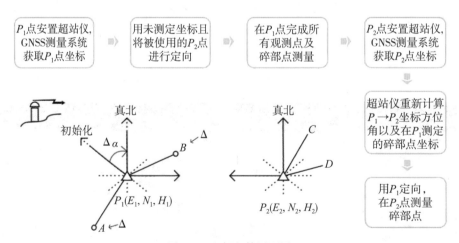

图 2.4 坐标归算原理图

（3）多点定向。在传统测量工作中，我们通常是利用两个已知点坐标或利用一个已知点加上一个已知定向方位角来完成建站-定向工作。这种利用少量控制点定向的方法，难以减弱人工瞄准等观测误差带来的影响。而利用多点定向功能，可对数个已知坐标的反射棱镜进行观测，最终得到精度更高、更为准确的测站坐标和方位角。

2. NTS-591 测量机器人

NTS-591 测量机器人可进行高精度测角、测距。其自带的自适应液晶显示器及背光式键盘，不受光线亮度制约，夜间也可以工作；高性能马达驱动系统可进行 24h×7d 连续观测；棱镜预扫描技术与棱镜就近照准技术结合，360°范围自动寻标和照准；有线或无线通信的方式控制仪器操作；内置数据采集、坐标计算、变形监测等应用软件；支持大容量内存/USB 存储方式(见图 2.5)。

在基准点或工作基点上安置智能全站仪，周期性或连续性对变形体监测点进行三维坐标监测，对监测目标不同时间的三维坐标(X_i，Y_i，Z_i)与参考坐标(X_0，Y_0，Z_0)求差，得到坐标差(ΔX_i，ΔY_i，ΔZ_i)即为相应时间的变形量。

图 2.5　NTS-591 测量机器人

NTS-591R10 1″高精度智能测量机器人是我国完全自主研发的智能化测量机器人，汇聚多年来光、机、电技术结晶，拥有强劲马达、先进的智能化系统与测量软件和卓绝的测量性能，9′小视场角，能够轻松应对高铁监测、地铁监测、大坝监测、滑坡监测及工业测量等复杂作业场景。NTS-591 的监测功能分为半自动化监测功能和全自动化监测功能。

3. DL-2003A 高精度数字水准仪

如图 2.6 所示，DL-2003A 高精度数字水准仪能够用电子测量方法自动测量标尺高度和距离。每个测站测量时只需概略居中圆气泡，只要按压一个键就可触发仪器自动测量，仪器还用高精度的补偿器自动完成对照准视线的水平纠正。当不能用电子测量时，还可以使用本仪器配合米制标尺通过传统的光学方法读取并用键盘输入高差读数。

该数字水准仪的每千米往返平均高差中误差≤0.3mm，优于 DS05 级别的高精度水准仪要求，还体现了数字水准仪的操作简单、无读数记录错误、作业效率高、成果容易达标的优势。

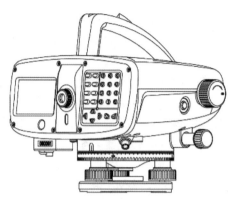

图 2.6 DL-2000A 高精度数字水准仪

此外，该数字水准仪有很多软件测量功能，既可以利用软件自动测量单一高差，也可以利用软件自动测量线路测量作业中的全部测量要素。如果需要，用户可以利用"线路平差"软件直接将测得的成果与已知高程进行比较并进行平差。

电子水准仪综合了光学、机械、电子等多项技术，光电传感读取条码尺，计算和存储测量数据，作业速度更快、作业精度更高、适应环境能力更强。具体有以下优势：

（1）读数客观。不存在误读、误记问题，没有人为读数误差。

（2）精度高。视线高和视距读数都是采用大量条码分划图像经处理后取平均得出来的，因此削弱了标尺分划误差的影响。多数仪器都有进行多次读数取平均的功能，可以减少外界环境影响。不熟练的作业人员业也能进行高精度测量。

（3）速度快。由于省去了报数、听记、现场计算的时间以及人为出错的重测数量，测量时间与传统仪器相比可以节省 1/3 左右。

（4）效率高。只需调焦和按键就可以自动读数，减轻了劳动强度。数据还能自动记录、检核，并能输入电子计算机进行后处理，可实现内外业一体化。

2.1.2 卫星定位测量系统

2020 年 7 月 31 日上午，中共中央总书记、国家主席、中央军委主席习近平宣布北斗三号全球卫星导航系统正式开通。① 北斗卫星导航系统（BDS）是中国自主研发、独立运行的全球卫星导航系统，能够为全球用户提供基本导航（定位、测速、授时）、全球短报文通信、国际搜救服务，中国及周边地区用户还可享有区域短报文通信、星基增强、精密单点定位等服务。

1. 实时差分

实时差分是实时动态测量（Real-Time Kinematic Survey，RTK）。RTK 技术是全球导航卫星定位技术与数据通信技术相结合的载波相位实时动态差分定位技术，包括基准站

---

① 中华人民共和国中央人民政府网，《习近平出席建成暨开通仪式并宣布北斗三号全球卫星导航系统正式开通》，2020-7-31。

和移动站，基准站将其数据通过电台或网络传给移动站后，移动站进行差分解算，便能够实时地提供测站点在指定坐标系中的坐标。根据差分信号传播方式的不同，RTK 分为电台模式和网络模式两种(见图 2.7、图 2.8)。

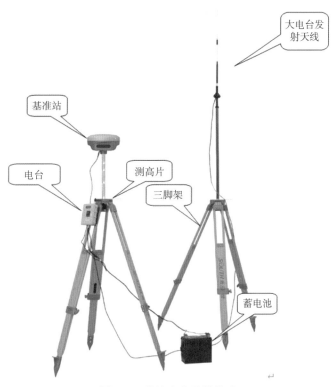

图 2.7 外挂电台基站模式

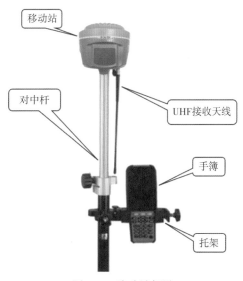

图 2.8 移动站架设

2. CORS 系统

卫星导航定位连续运行基准站(global navigation satellite system continuously operating reference station，GNSS CORS)是一种地基增强系统，通过在地面按一定距离建立的若干个固定基准站接收导航卫星发射的导航信号，经通信网络传输至数据综合处理系统，处理后产生的导航卫星的精密轨道和钟差、电离层修整数、后处理数据产品等信息，通过卫星、数字广播、移动通信等方式实时播发，并通过互联网提供后处理数据产品的下载服务，满足导航卫星系统服务范围内广域米级和分米级、区域厘米级的实时定位和导航需求，以及后处理毫米级定位服务需求。北斗 CORS 高精度定位应用领域见表 2.1。

表 2.1 　　　　　　　　　　　北斗 CORS 高精度定位应用领域

领域	主要用途	可用性分析	实时性需求
测绘工程	控制测量、各种地形图测量	24 小时/365 天	实时或事后
矿业资源调查	矿业资源信息调查	24 小时/365 天	实时或事后
变形监测	滑坡变形监测、大坝及各种建筑物的变形监测、安全检测	24 小时/365 天	实时或事后
河道应用	水下地形图、航道勘测、水文监测	24 小时/365 天	实时
国土勘查	界址点、地籍图、宗地图测量，土地整理	24 小时/365 天	实时
工程施工	施工、建筑放样、管理	24 小时/365 天	实时
地理信息更新	城市规划、GIS 采集、管理	24 小时/365 天	实时
线路勘测设计及施工	公路、通信线路、电力线路、石油管道、水利沟渠等勘测设计与施工	24 小时/365 天	实时
市政工程	市政管道，燃气、自来水、污水、通信等管道	24 小时/365 天	实时
地面交通监控	车、船行程管理、自主导航	24 小时/365 天	延时≤3s
空中交通监控	飞机起飞与着陆	24 小时/365 天	延时≤1s
公共安全	特种车辆监控、事态应急	24 小时/365 天	延时≤3s
农业管理	精细农业、土地平整	24 小时/365 天	延时≤5s
海、空、港管理	船只、车辆、飞机进港后调度	24 小时/365 天	延时≤3s
公众、个人导航	老人、儿童安全监控；个人旅游等	24 小时/365 天	延时≤3s

3. GNSS 的广泛应用

1)似大地水准面精化

GNSS 技术可应用于建立一个高精度、三维、动态、多功能的国家空间坐标基准框架、国家高程基准框架、国家重力基准框架，以及由 GNSS、水准、重力等综合技术精化的高精度、高分辨率似大地水准面。该框架工程的建成，将为基础测绘、数字中国地理空间基础框架、区域沉降监测、环境预报与防灾减灾、国防建设、海洋科学、气象预报、地学研究、交通、水利、电力等多学科研究与应用提供必要的测绘服务，具有重大的科学意义。

精化大地水准面对于测绘工作具有重要意义：首先，大地水准面或似大地水准面是获取地理空间信息的高程基准面。其次，GNSS（全球导航卫星定位系统）技术结合高精度高分辨率大地水准面模型，可以取代传统的水准测量方法测定正高或正常高，真正实现 GNSS 技术对几何和物理意义上的三维定位功能。再次，在现今 GNSS 定位时代，精化区域性大地水准面和建立新一代传统的国家或区域性高程控制网同等重要，也是一个国家或地区建立现代高程基准的主要任务，以此满足国家经济建设和测绘科学技术的发展以及相关地学研究的需要。

2）变形监测

GNSS 技术可以获得监测目标的高精度三维坐标信息，对监测目标进行周期性重复观测或连续观测。根据监测对象的不同特点，GNSS 监测技术可选用不同的监测模式。

周期性重复监测模式最常用，即首先按照设计周期和网型，对基准点和监测点依时段进行静态观测，完成 GNSS 静态网平差；然后，计算各周期之间的监测点坐标差，分析变形大小和速度，最后进行安全性评价。固定连续测站阵列模式就是在重点和关键区域（如地震活跃区、滑坡危险地段）或敏感部位［如大坝、桥梁、高层建（构）筑物］布设永久的 GNSS 监测站（见图 2.9），在这些测站上进行 GNSS 连续观测，并进行数据处理。

图 2.9　位移栈 MR1

3）数字施工

数字施工是指运用数字化技术辅助工程建造，通过人与信息端交互进行，主要体现在表达、分析、计算、模拟、监测、控制及其全过程的连续信息流的构建。并以此为基础驱使工程组织形式和建造过程的演变，最终实现工程建造过程和产品的变革。数字施工的方向包括：

（1）引导施工。具体表现为无桩化施工（指无放样后的指示桩）、引导高标准作业。代表产品有桩机、强夯、2D 挖机、2D 推土机等。这些产品能够实际提高生产质量和效率。

（2）施工自动化。分为工程机械行驶底盘的自动化和工器具的自动化。代表产品有三维摊铺机、三维挖机、三维推土机、自动化旋挖机、自动化压路机等。

（3）施工过程监控。即对施工作业的过程和质量进行实时监控。代表产品有压实系统、搅拌站监控、工程车监控、桩机监控、强夯监控等。可方便业主单位、质检监理单位、行业主管单位等进行监控。

（4）施工信息化。即施工工程的全盘信息化，包括"人、机、料、法、环"。财务合同发票管理系统、安全管理系统、质量管理系统、档案、BIM、倾斜摄影、无人机、三维扫描仪等，是围绕信息化一整套的综合解决方案。

4）GNSS 手持机

GNSS 手持机以北斗定位技术为核心，小巧轻便，集高精度 GNSS 主板、专业高灵敏卫星天线、全网通模块、Wi-fi、高频电源板、液晶等于一体，定位精度高，无缝接驳各平台。结合数据采集和应用等方面的专业 GIS 系统和其他应用软件，GNSS 手持机可以广泛应用于国土、电力、农林、水利、管网、通信等行业，为用户提供人员定位管理、执法检查、资源勘探、定界普查、灾害预防、设备管理、管线巡检等工作的高效率解决方案。

2.1.3　无人机航空摄影测量

无人机航空摄影测量是传统航空摄影测量手段的有力补充，具有机动灵活、高效快速、精细准确、作业成本低、适用范围广、生产周期短等特点，对中小区域和飞行困难地区的高分辨率影像快速获取方面具有明显优势。

近年来，从飞行平台角度看，航测型无人机的发展有以下几个特点：垂直起降、搭载高精度姿态和位置传感器、轻小型化、续航时间增长。从挂载类型角度看，航测型无人机已由传统一般分辨率单镜头正射相机（2400 万～3600 万像素）挂载升级为高分辨率正射相机（4200 万～1.5 亿像素），或升级为高分辨率倾斜五镜头相机（1.2 亿～3.1 亿像素）。多光谱、高光谱、激光雷达等挂载也逐渐完善。从作业方式角度看，倾斜航测技术逐渐普及，传统正射航测逐渐转为大面积作业。从软件发展角度看，基于高精度 POS 的辅助空三平差算法及计算机视觉三维重建算法逐渐成为数据处理的主流算法，基于数字正射影像（DOM）和数字表面模型（DSM）叠加或实景三维模型的裸眼三维采集测图软件也已普及。从成果类型及应用角度看，实景三维模型的生产及平台化应用已成为主流。

随着无人机与数码相机技术的进一步发展，基于无人机平台的数字航摄技术已显示出其独特的优势，无人机与航空摄影测量相结合使得"无人机数字低空遥感"成为航空遥感领域的一个新的发展方向，无人机航拍可广泛应用于国家重大工程建设、灾害应急与处理、国土监察、资源开发、新农村和小城镇建设等方面，尤其在新型基础测绘、自然资源调查监测、土地利用动态监测、数字城市建设和应急救灾测绘数据获取等方面具有广阔前景。摄影测量主要技术环节和成果见表 2.2。

表 2.2 摄影测量主要技术环节和成果

	航空摄影	空中三角测量	立体测图 DLG	数字地面高程模型 DEM	数字正射影像 DOM
主要技术环节	①航摄空域申请; ②航摄技术设计书; ③航摄仪的选用和检定; ④航摄季节和航摄时间的选择; ⑤摄区划分; ⑥航摄基本参数计算; ⑦航空摄影; ⑧航空摄影的影像处理; ⑨成果质量检查; ⑩成果整理与验收	①资料准备; ②内业加密点的选点观测; ③内定向、相对定向、绝对定向; ④区域网平差; ⑤区域网接边; ⑥质量检查; ⑦成果提交	①资料准备、技术路线设定(原始像片); ②定向(内定向、相对定向、绝对定向); ③内业矢量数据采集; ④野外补测; ⑤数据编辑与接边; ⑥质量检查; ⑦成果整理与提交	①资料准备、技术路线设定; ②定向建模; ③采集特征点、线; ④构建 TIN、内插 DEM; ⑤DEM 编辑; ⑥DEM 接边; ⑦DEM 镶嵌、裁切; ⑧质量检查; ⑨成果整理与提交	①资料准备、技术路线设定(原始数字像片、控制点成果、DEM 成果); ②色彩调整(匀光处理、匀色处理); ③DEM 采集; ④影像纠正(融合); ⑤影像镶嵌; ⑥图幅裁切; ⑦质量检查; ⑧成果整理与提交
提交成果	①高低分辨率12bit真彩色影像; ②真彩色像控片; ③像片缩略图及数据; ④航摄相机检定表; ⑤成果资料登记表; ⑥航摄技术设计书; ⑦航摄技术报告书	①起算数据、像点坐标、平差后像点大地坐标、外方位元素; ②整体平差报告文件; ③分区图、略图、技术总结报告	①DLG 数据文件; ②DLG 数据文件接合表; ③元数据文件; ④回放地形图、图历簿; ⑤质量检查记录; ⑥质量检查验收报告; ⑦技术总结报告	①DEM 数据文件; ②DEM 数据文件接合表; ③元数据文件; ④原始特征点、线数据文件; ⑤质量检查记录; ⑥质量检查验收报告; ⑦技术总结报告	①DOM 数据文件; ②DOM 数据文件接合表; ③元数据文件; ④DOM 定位文件(DOM 镶嵌线文件); ⑤质量检查记录; ⑥质量检查验收报告; ⑦技术总结报告
质量检查	①像片(重叠度、倾斜角、旋偏角); ②航线(弯曲度、偏差); ③航摄(范围图覆盖、漏洞); ④航高差; ⑤影像质量	①外业控制点和检查点成果使用正确性检查; ②航摄仪检定参数与航摄参数检查; ③各项平差计算的精度检查; ④提交成果完整性检查	①空间参考系检查; ②位置精度检查; ③属性精度检查; ④完整性检查; ⑤逻辑一致性检查; ⑥表征质量检查; ⑦附件质量检查	①空间参考系检查; ②高程精度检查; ③逻辑一致性检查; ④附件质量检查	①空间参考系检查; ②精度检查; ③影像质量检查; ④逻辑一致性检查; ⑤附件质量检查

1. 无人机航测外业

智航 SF600 无人机(见图 2.10)是一款轻型专业航测四旋翼无人机,轴距 600mm,

最大起飞重量 3.5kg，搭配高精度差分测量系统，支持 RTK/PPK 作业模式。电池容量 12000mAh，空载续航时间 60min。

1）无人机系统

无人机系统主要由机体、飞控系统、遥控系统（地面站）、高精度差分系统、动力系统构成。

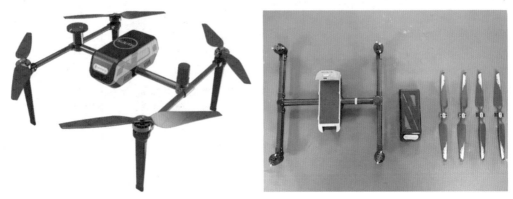

图 2.10　智航 SF600 无人机

遥控（地面站）是集合平板、遥控器于一体的地面控制系统（见图 2.11），实现数图控三合一高度集成。配备 SouthGS App，提供航点飞行、航带飞行、摄影测量、仿地飞行、断点续飞等多种航线规划模式；支持 KML/KMZ 文件导入，适用于不同航测应用场景。

图 2.11　智航 SF600 无人机遥控器

2）地面站系统

地面站系统具有对无人机飞行平台和任务载荷进行监控和操纵的能力，包含对无人机发射和回收控制的一组设备及软件。

无人机地面控制站是整个无人机系统非常重要的组成部分，是地面操作人员直接与无人机交互的渠道。它包括任务规划、任务回放、实时监测、数字地图、通信数据链在内的集控制、通信、数据处理于一体的综合能力，是整个无人机系统的指挥控制中心。

智航 SF600 无人机配套使用 SouthGS 地面站，该地面站可以对无人机进行操作，规划任务，一键切换摇杆模式。主界面如图 2.12 所示。

图 2.12 SouthGS 地面站

3）像控采集系统

像控采集系统主要由 RTK 主机、手簿、配件、CORS 账号、软件系统等五大部分组成（见图 2.13）。

CORS 账号：为 RTK 主机提供获取差分服务的账号。

例如，像控之星采集软件是专门为无人机航测行业项目所研发的一款包含像控点坐标采集、记录、拍照等相关信息收集的软件（见图 2.14），可以实现地面采集坐标、拍照、收集像控点相关信息和成果输出等工作，能够简化测量员在内业成果数据处理上的繁琐流程，极大地提高测量员的工作效率。

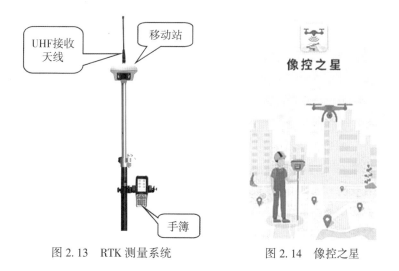

图 2.13 RTK 测量系统　　　　　图 2.14 像控之星

2. 无人机航测内业

SouthUAV 航测一体化平台软件系统旨在实现对航测数据全流程一体化作业的全覆盖，提供航测数据预处理、空三加密生成传统 4D 产品、三维模型数据生产、基于实景三维模型或立体像对采集 DLG、航测成果数据叠加浏览应用的整体解决方案。所有航测数据处理的相关工作都可在本软件内对应的模块进行，极大地保障了用户数据处理的连贯性，避免了在不同软件间频繁切换的繁琐操作，有助于保持数据及流程的完整性与准确性，节省用户处理数据的时间，提高整体生产效率。

SouthUAV 软件平台特点具体包括：

(1) 一体化的航测数据处理解决方案，全流程覆盖。

(2) 多样化的数据预处理工具，全方位、高效地帮助用户进行航测数据预处理工作。引入工程化的数据管理思想，集成航测项目管理模块。

(3) 充分运用天云系统分布式的超大规模空三算法，大规模三维模型数据处理能力。集成多元数据叠加浏览展示模块，三维浏览视觉效果更加直观与多样化。

(4) 批量解算多架次 PPK 数据，支持多种无人机差分数据格式。一键检查航测数据质量，支持快拼 DOM 效果图。

(5) 二维、三维采集建库一体化、信息化与同步符号化，提供多样化的采集方式。

2.1.4　三维激光扫描点云测量

激光雷达技术是近几十年来摄影测量与遥感领域中具有革命性的成就之一，是继 GPS(Global Positioning System，全球定位系统) 之后的又一里程碑。LiDAR(Light Detection And Ranging，激光雷达探测及测距) 通过记录从目标物返回的激光脉冲信号实现快速、高效地获取目标物的精确的三维空间信息。

通过发射激光束来探测远距离目标的散射光特性以获取目标物体相关信息的光学遥感技术，是传统雷达技术和现代激光技术、信息技术相结合的产物。随着超短脉冲激光技术、高灵敏度高分辨率的弱信号探测技术和高速大量数据采集系统的发展应用，激光雷达以其高测量精度、精确的时空分辨率以及大的探测跨度而成为一种非常重要的主动式遥感工具。

1. 激光雷达的特点

激光雷达测量技术的发展历史虽然不长，但已经引起人们的广泛关注，成为国际社会研究开发的重要技术之一。同其他常规测绘技术手段相比，激光雷达技术具有其自身独特的优越性，主要表现在以下几个方面：

(1) 体积小、质量轻：相比普通雷达数以吨计、构造复杂、体积庞大，激光雷达有利于运输与维修，架设、拆收都很方便。因其质量轻、体积小的特点，对载体平台要求更低，普遍可安装在飞行器机体上，不占用太多空间就可对地面进行低空探测。

(2) 数据密度高：点云之间的采集间距可达毫米级，有利于真实物体表面信息的模拟。

(3) 植被穿透力强：激光雷达的激光脉冲信号能部分地穿过植被，能快速地获得高精度和高空间分辨率的森林覆盖区的真实数字地表模型。

(4) 不受阴影和太阳高度角影响：激光雷达以主动测量方式，采用激光测距方法，不依赖自然光。因太阳高度角、植被、山岭等影响，传统航测往往无法探测的阴影地区对于激光雷达探测来说，获取数据的精度不受影响，可24小时全天候作业。

（5）隐蔽性好，抗干扰能力强：激光是沿直线传播的，传播路径确定，具有方向性好、光束窄的特点，想要发现和截获激光信号非常困难，且不需要普通雷达大的发射和接收口径。

但是，激光雷达的技术复杂，集成器件多，因而存在价格较昂贵等缺点。

2. 激光雷达及其应用

1）地面站激光雷达

地面站激光雷达系统由三维激光扫描仪、数码相机、后处理软件以及附属设备构成（见图2.15），它采用非接触式高速激光测距方式，快速获取地形或者复杂物体的几何图形数据和影像数据。最终由后处理软件对采集的点云数据和影像数据进行处理，转换成绝对坐标系中的空间位置坐标或模型，以多种不同的格式输出，满足空间信息数据库的数据源和不同应用的需要。

图2.15 SD-1500地面站三维激光扫描仪

2）机载激光雷达

机载激光雷达是将激光测距设备、GNSS设备和INS等设备紧密集成，以飞行平台为载体，通过对地面进行扫描，记录目标的姿态、位置和反射强度等信息，获取地表的三维信息，并经过深入加工得到所需空间信息的技术（见图2.16）。

图2.16 SZT-R1000机载移动测量系统

3）车载激光雷达

车载激光雷达是一种移动型三维激光扫描系统，采用车载平台，集激光雷达设备、RS 系统、数码相机于一体（见图 2.17），利用激光扫描和数字摄影技术，获取道路两侧的高密集度的点云、近景影像数据。三维激光扫描系统的传感器部分集成在一个可稳固连接在普通车顶行李架或定制部件的过渡板上。支架可以分别调整激光传感器头、数码相机、IMU 与 GNSS 天线的姿态或位置。高强度的结构足以保证传感器头与导航设备间的相对姿态和位置关系稳定不变。车载激光雷达弥补了机载激光雷达在地面地物信息获取方面的不足，能在更多、更广的范围内获取三维空间数据。车载系统的灵活性和经济性就越发诱人，其应用前景可谓无限。此外，作为航空测量的补充，车载激光雷达系统是完善城市三维模型等高精度、高分辨率应用的最佳手段之一。

图 2.17　SZT-R1000 车载移动测量系统

4）背包式三维激光扫描仪

在众多的激光雷达扫描模式中，背包激光雷达扫描系统是三维激光扫描产品系列的多传感器综合集成版。背包式激光雷达具有高效率、高精度、易操作、扫描范围广等特性，采集的目标物点云数据在手机、平板等移动端实时同步显示，支持在线闭环及闭环优化，扫描完成即可导出实时点云数据和运动轨迹。设计轻巧便捷，可搭载不同的移动平台，无论是手持、步行、骑行、车载都可以轻松采集数据。结合 GNSS、激光雷达和SLAM 算法能实现室内外一体化测量，无论是否具有 GNSS 信号，都可实现厘米级数据精度。自动化程度高，开机即用，处理操作简单。

5）手持式三维激光扫描仪

手持式三维激光扫描仪具有灵活、高效、易用的优点，代表了未来的发展方向。手持式扫描具有很大的灵活性，但由于手的运动是随机的，如何随时准确、实时地确定手的空间位置成为该技术的核心问题。基于视觉标记点的空间定位技术是解决这一问题的关键。应用前景包括逆向工程、质量控制、文物保护等。

2.1.5 小结

测绘地理信息产业发展的本质在于为改善人类生活环境，提高人类生活质量服务。一方面随着社会的进步，测绘地理信息的服务范围在不断扩大，要求也越来越高；另一方面现代科技取得的新成就，提供了新的工具和手段，推动着测绘地理信息不断向前发展。

特别是 GNSS 卫星定位导航的应用已经铺天盖地，而且还在不断地拓展应用场景；三维激光扫描则是建立三维实景中国的重要技术手段。

这些新技术、新设备、新功能都要求掌握新知识，但是目前的学校课堂教学尚未普及，原因包括设备贵、技术更新迭代快等，虚拟仿真为我们创造了很好的学习机会。

2.2 测绘地理信息教育智能化

当前，我国教育信息化迈向数字化转型新阶段。实施教育数字化战略行动是推动互联网、大数据、人工智能、第五代移动通信等新兴技术与教育教学深度融合，利用新兴技术更新教育理念，变革教育模式，全面推动教育数字化转型的过程。按照"应用为王、服务至上、简洁高效、安全运行"的总要求，以数字化赋能教育管理转型升级，其本质是以新兴技术为主要手段，以信息数据为核心要素，将数字技术、数字思维应用于教育管理全过程，对教育管理、教育决策和教育服务的方式、流程、手段、工具等进行全方位、智能化、系统性功能重塑和流程再造；其要义是提高教育管理效能，助力教育系统提升和创造新型治理能力，利用同样的资源办更优质、更公平的教育。

教育部等九部门于 2020 年教职成〔2020〕7 号文件《职业教育提质培优行动计划（2020—2023 年）》提出，鼓励职业学校利用现代信息技术推动人才培养模式改革，满足学生的多样化学习需求，大力推进"互联网+""智能+"教育新形态，推动教育教学变革创新。遴选 100 个左右示范性虚拟仿真实训基地；面向公共基础课和量大面广的专业（技能）课，分级遴选 5000 门左右职业教育在线精品课程。引导职业学校开展信息化全员培训，提升教师和管理人员的信息化水平，以及学生利用网络信息技术和优质在线资源进行自主学习的能力。

实习是专业教学的重要形式，是培养学生良好的职业道德，强化学生职业技能、提高全面素质和综合职业能力的重要环节。国务院于 2019 年国发〔2019〕4 号文件《国家职业教育改革实施方案》提出，带动各级政府、企业和职业院校建设一批资源共享，集实践教学、社会培训、企业真实生产和社会服务于一体的高水平职业教育实训基地。

在测绘地理信息专业教学中，实践教学环节贯穿整个学习阶段，包括课程教学实习、学科性综合实训、生产性任务完成等，主要在校园、实习基地及项目现场实施。职业院校的人才培养更是面向生产一线，以学生从事实际工作的技能培训为主。

由于各校和专业对认识实习和生产实习的重视程度、教学要求、资金投入差异很大，同时客观考虑各合作企业的安全性、保密性，对实习规模、实习时间和范围等的严格限制，导致很多学校的实习都流于形式，学生的实际参与度很低，教学效果大打折扣。解决实训教学过程中高投入、高损耗、高风险及难实施、难观摩、难再现的"三高三难"痛点和难点，同样是测绘地理信息专业教学面临的实际情况。尽管国产化仪器已大大降低了测绘仪器的价格，但是诸如激光雷达等仪器设备仍然动辄上百万，即使学校已采购也不会让学生动手操作。而无人机等已经平民化的设备，却有飞行安全方面的顾虑，学生也难以直接操作。生产一线或者项目工地，因为管理的需要，也难以接受批量的学生实习。综上原因，新技术、新设备、新工艺很难被快速推广。

2.2.1　测绘地理信息虚拟仿真实习实训

随着虚拟仿真实验技术的发展，涉及高危或极端环境、不可及或不可逆的操作、高成本或高消耗、超大型的实验实训，都可以通过虚拟仿真的形式呈现。而新冠肺炎疫情等突发公共卫生事件，扰乱常规教学秩序，虚拟仿真实训无疑是常规实验教学的一种重要辅助模式，对教学效果的提升会起到巨大的促进作用。

测绘地理信息虚拟仿真实训是虚拟仿真技术与测绘地理信息专业教学深度融合的产物，呈现虚拟仿真对实验教学的内容、方式和效益产生的全过程、全方位的影响，很有特色与创新之处。例如，三维模型天然地具有坐标概念，完全契合测绘地理信息专业教学要求，通过给真实场景建模，然后在模型上测量，从而实现了外业数据的室内采集。虚拟仿真测绘地理信息实训软件具备以下特点：

（1）虚拟测区。三维可视化的测区，让测前踏勘工作灵活呈现。包含城区、道路、山丘、高原等庞大仿真场景，所有特征场景相连组成的超大型沙盒内容，场景具备极高的自由度，构建符合测绘地理信息专业实践教学特点的虚拟实验环境，辅助教师组织完成在传统教学环境下无法完成的复杂危险的实践教学活动。测绘地理信息虚拟仿真实训设备见图 2.18。

设备还原，智能交互，虚实结合

NTS-342R10全站仪

NTS-552智能全站仪

DL-2003A电子水准仪

DSZ2自动安平水准仪

创享RTK+H5手簿

大疆精灵无人机

MF2500垂起固定翼无人机

FARO 三维激光扫描仪

场景内仪器高度智能还原，实现高仿真、高自由度操练

图 2.18　测绘地理信息虚拟仿真实训设备

（2）施工案例。通过对实验教学的各个环节进行真实的模拟仿真，让繁琐的实践教学课程变得高效、简单，解决真实实践教学环境中不具备的条件或者难以完成的教学问

题，同时打破了一些复杂案例难以呈现或只能线性学习的局限性，有效节约现实教学资源，共享教学设施，提高了学生的学习兴趣。根据仪器设备的差异性，制定专属独一化的交互逻辑，使学生对各种仪器设备的认知不仅仅是在书本和简单的演示上。围绕专业工程对测绘的要求，虚拟构建施工过程及对应的测绘工作所需的应对方法，应用案例法将本专业和跨专业的各类知识连接在一起，从而提升学生的实训能力。

（3）虚拟场景参数真实化。为规避测绘风险所建立的虚拟环境是由基于真实数据建立的数字模型组合而成，严格遵循工程项目设计的标准和要求建立逼真的三维场景（见图 2.19），对测绘项目进行真实"再现"。学生在三维场景中任意漫游，通过模拟真实的仪器获取空间数据，根据教、学、练的主动学习能力，自主完成综合性的虚拟实训操作，实现学生由课堂到课外实训的顺利过渡，完成对学生的课上考核。

满足多种实训环境和应用方向的三维场景

城市高低建筑及　　　　植被、水系、山坡等　　　　隧道、桥梁等复杂环境
常见地物　　　　　　　　自然地貌

图 2.19　测绘地理信息虚拟仿真实训场景

（4）可导出测量数据进行平差或成图（见图 2.20）。真实坐标基于 CGCS2000 坐标系，制定真实虚拟场景，使用智能化仿真仪器，完成一系列如选点、基准站建设、图根点采集、数据导出传输、棱镜架设、对中整平、建站设置、碎部测量等操作。在场景上测量任意点的三维坐标，该坐标为 DAT 数据格式，可导出无缝兼容成图软件。

输出数据工程化

四等水准路线平差计算（MSMT软件）

图 2.20　测绘地理信息虚拟仿真实训数据处理

（5）评价反馈。实现读数仿真、精准，全过程记录实训操作，通过记录和计算，反馈追踪测绘过程的正确性、测绘成果的质量。并对操作结果生成实训报告，对操作进行科学评价、科学反馈以及改进优化。教师从后台端可下载查看所有学生的练习报告以及每次练习的得分情况，了解学生的练习程度和不足之处，并在实际教学中加以弥补。

随着中国进入新的发展阶段，产业升级和经济结构调整不断加快，各行各业对技术技能人才的需求越来越迫切，职业教育重要地位和作用越来越凸显。在国家政策的大力支持下，按照职业教育示范性虚拟仿真实训基地的建设框架，建立测绘地理信息技术虚拟仿真实训教学课程体系，开发控制测量与平差、三维激光扫描技术等测绘专业虚拟仿真实训课程。这不仅是为了提高教师的职业素养，更是围绕着"立德树人、德技并修"目标，创新教学新模式和新方法，在学习效果上下功夫，这为职业教育提供了先进的教学手段和方法。

2.2.2　测绘地理信息的虚拟仿真形式

1. PC 电脑仿真软件

简便易行的 PC 电脑仿真软件将操作实训与虚拟仿真教学相结合，将理论教学与实践教学有机结合，形成一种新型教学模式，运用虚拟仿真代替大量真实设备教学，能够直观地显示设备的外观、结构以及操作步骤，构建出具有针对性的专业教学模式与体系。

1）可实现测绘地理信息虚拟仿真实验

测绘地理信息专业涉及测绘工程、GNSS 全球定位系统、数字摄影测量、地理信息系统等诸多新型技术领域，培养从事测绘、地质、矿山、水利水电、建筑、铁路和公路建设、土地管理、地理信息相关企事业的工程测量、地理信息应用与维护的高级应用型人才。普通高等院校、职业院校测绘地理信息专业，担负着为测绘产业培养各层次的产业人才的社会责任，其最重要的目标就是培养学生独立使用各种测量仪器设备，测定物体的形状、大小和空间位置，然后通过地图或数据的方式表达出来，以解决实际生产中各类测绘问题。

有别于传统工科人才培养形式，在新工科建设背景下，测绘作为社会发展基础信息获取手段，测绘类专业的人才培养既要应对市场对于专业人才的大量需求，也要保持对新兴技术的高敏感度和快速响应，通过对多学科跨专业的技术融合，形成创新的人才培养机制，满足不同环境下各行各业对于测绘类技术的普及和专业人才的需求。

2）能解决现阶段测绘类专业的教学痛点

测绘地理信息专业培养既要有必要的理论知识，又具有较强实践能力的生产、建设、管理、服务第一线的，能够"下得去，用得上、留得住、上手快"的企业应用型人才。传统的测绘地理信息专业教学，是在完整的理论学习结束后，再到具体的生产工作单位实习。

通过学校调研和市场反馈，目前学校关于实训教学问题主要表现在以下几个方面：

（1）实践、实训操作场地局限，教学环境和场景难以构建，例如：道路施工测量、矿山井下测量等涉及高危或极端的大型综合性场景。

（2）实训操作设备数量、运行成本等原因，学生只能在特定的时间、特定的场合接触和使用测量仪器设备，难以达到反复练习、提升技能的目的。

（3）实训期间缺少合理的规划、设计，场地利用不合理，实训课时有限，无法全方位地指导学生动手操练，也不能同时满足多班级教学实训，浪费空间、时间资源。

（4）实训内容枯燥，角色定位不准，通常单一角色重复操作，耗费大量的时间和精力，让学生失去了实训的兴趣与激情。

（5）因仪器设备昂贵，现场实习成本高，实践教学存在不可及的操作，例如，无人机航测及三维激光扫描等。

（6）实践教学环境地域范围广、地形相对复杂，教师难以及时跟踪每名学生的实践操作过程，难以检验学生对设备操作、测量工法的掌握情况，针对学生的个性化指导和强化训练更加难以实施。

（7）实践操作考核标准难以规范化，考核结果难以有效记录。

针对上述问题，可以通过构建具有高度真实感、直观性和精确性的专业级虚拟仿真实验教学平台，重点解决院校传统教学方法与学生工程化培养和技能提升之间的矛盾。院校在减少实验成本和潜在危险的同时，拓展实践教学的深度和广度，提升实践教学实效，实现理论与实践教学的密切结合。

3）便于实现

通过平台的搭建，为学生提供全时段、全方位的理论与实践学习资源，帮助学生提升岗位核心竞争力，为学校提供新的理实一体化教学模式，进一步建设成为信息化教学示范点。同时，让院校与企业在人才培养上实现双向互助，最终提升高职教育的社会服务能力。通过系统整体设计、虚拟技术的运用、开放式管理的方式，实现虚拟仿真教学系统项目的建设，最终实现以下具体目标：

（1）实训内容现实化。通过虚拟仿真技术实现教学系统的搭建，建设包括虚拟场景、虚拟设备以及虚拟实训项目等实践教学资源，改变以往学生实训渠道匮乏、实训器材有限的状况。

（2）实践方式多样化。打破现实空间、时间、环境、资金等客观因素的限制，搭建多场景，场景模式按 1：1 方式重建现实景象，为教师教学提供更多的方式，教师能够轻松地安排教学中所需的任何实践、任何场景操作课程，从而提高教学效率，丰富教学形式。

（3）教学模式趣味化。改变传统枯燥生硬的教学模式，虚拟化、立体化、结构化展示专业器材以及工程案例，实现学生游走在三维的虚拟空间中，通过趣味性的技能操作，让学生快速掌握教学知识点。

（4）实训学习考核化。与专业课程相配套、与专业技能点相匹配，学生可根据自己的情况选择感兴趣或技能薄弱方面进行选择性练习，真正让按需学习、自主学习成为可能，让学生的个性与差异性得到充分突显与尊重，让学生成为了学习的主人。

"测绘地理信息虚拟仿真实验室"以融入学校"学-练-测"的模式为出发点，深入行业技术应用教学过程剖析，通过虚拟技术紧扣测绘地理信息特色，直击教学难点，实现多维仿真和真实场景模拟，提高学生学习的主动性。通过网络技术的辅助，教师可下发各种学生实操任务，学生可课下练习、及时巩固知识，实现单人训练、多人竞赛和互动交流，提高学生学习的积极性；通过数据库技术跟踪学生的学习轨迹，实现学生知识点掌握情况的统计与分析，提高教学评价的科学性。

绝大部分虚拟仿真实验采用了普通电脑，即个人计算机终端，主要原因是个人计算机终端足够体现测绘地理信息实训效果，也更容易在互联网上共享和展示虚拟仿真实验内容。

2. 虚实结合智绘套装

极点 RTK 与虚拟仿真数字测图，1+1，虚实结合、软硬结合，堪称完美（见图 2.21）。首先，它是 1 台真实的极点 RTK，标准配置（RTK 主机、手簿及配件）；然后，它增加了虚拟仿真数字测图，具有实际坐标的仿真场景，与实物手簿连接的仿真 RTK、智能还原的全站仪等，在室内就可完成内外业一体化数字测图、RTK 坐标放样等测量任务。

1）功能特点

（1）虚实结合以虚促实。采用虚拟现实技术构建虚拟极点 RTK 基准站、移动站和真实手簿相连接，实现真实手簿与虚拟 RTK 交互。

（2）虚拟三维场景。支持 1∶500 地形图精度，场景中包含城市道路、城区建筑及其附属物、植被等。场景内支持第一人称视角，支持人物行走、跑步、跳跃、翻跨等活动。

（3）仿真仪器设备。仿真极点 RTK 具有铝镁合金外质感，玲珑机身，底部开关按键，1∶1 还原真实仪器，支持多线程响应，仪器主要部件质感与真实仪器相同，各部件可交互，与真实效果一致。

（4）实操实训模块。①模拟基准站、移动站操作：通过手簿对 RTK 进行设置，可完成"工程之星"求转换参数、校正向导，实现数据采集和放样功能；②模拟全站仪操作：支持仪器架设、对中整平、数据采集、迁站、数据导出等基本操作，完全模拟全站仪所有界面及功能。

（5）模拟项目实施。满足全流程数字测图作业，支持软件内部和外部的数据传输。方便进行软件内数据采集作业、数据导出、SouthMap 绘图成图输出。

2）虚实设备性能

（1）实物 RTK：实时动态测量精度：平面：$\pm(8\text{mm}+1\times10^{-6}D)$；高程：$\pm(15\text{mm}+1\times10^{-6}D)$（$D$ 为所测量的基线长度，单位 mm）。采用实物手簿。

（2）仿真 RTK：智能化仿真 RTK，实时动态测量精度：平面：$\pm(8\text{mm}+1\times10^{-6}D)$；高程：$\pm(15\text{mm}+1\times10^{-6}D)$（$D$ 为所测量的基线长度，单位 mm）。采用实物手簿。

（3）仿真全站仪：智能安卓全站仪，搭载全新的智能操作系统，结合高性能数据处理单元，实现了复杂运算快速响应，丰富的测量应用程序一应俱全，突破传统全站仪单一作业模式；系统平台开放，软件功能具备高度可扩展性，有效应对各种测量场景，开创测绘装备智能时代。

（4）仿真棱镜对中杆：①仿真棱镜对中杆具有碳纤维和铝合金质感，表面有喷漆的颗粒质感、具有清晰的刻度；②仿真棱镜对中杆外观，螺丝固定、水准气泡、棱镜标准接口、尖脚等。

(5)仿真三脚架：①仿真三脚架具有金属和木质材质感、表面有黄漆喷涂、尖脚喷漆质感；②仿真三脚架结构，包括连接基座、连接螺旋、防滑脚踏板、固定尖脚、基座盖等。

3)实训内容

(1)项目实施：满足学生全流程数字测图作业，支持在软件内外部数据传导。方便学生进行软件内数据采集作业，数据导出利用 SouthMap、CASS 等主流绘图软件成图输出。

(2)基准站操作：可架设并操作仪器，通过手簿进行设置。

(3)移动站操作：可架设并操作仪器，通过手簿进行设置。

(4)全站仪操作：支持包括安装仪器、锁紧仪器等操作前准备，以及调节对中、整平、照准、盘右观测、盘左观测、面板操作、数据采集、迁站、数据导出等基本操作，完整模拟全站仪所有界面及功能。

(5)选点操作：移动并安置测钉，在场景中建立控制点标志。

(6)对中杆棱镜操作：移动并安置棱镜，调整棱镜方向。

(7)支架棱镜操作：移动并安置棱镜，调整棱镜方向。

(8)数据可导出进行绘图处理，兼容绘图软件。

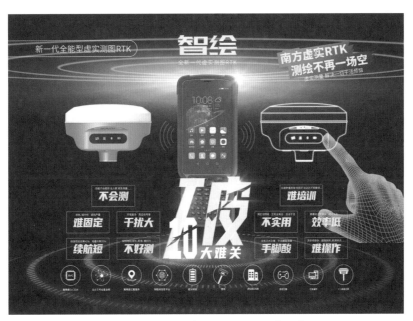

图 2.21 虚实结合实操实训的经典之作

卫星导航定位已经深入各行各业，RTK 更是测绘技术的一次跨越，掌握 RTK 成为工程技术人员的必备技能。掌握一项技能在于训练和实践。极点 RTK 极优秀的性能，再配上易学易练的仿真数字测图，可以实现"人在屋里坐，模拟来测图，掌握要点后，再到室外验,功能全具备,手感无缺陷,室内经常练,效果自然见。"

类似的虚实结合测绘地理信息数据采集与处理套装产品见表2.3。

表2.3 虚实结合智绘套装产品

	智绘套装组成		
虚实结合 RTK	RTK	仿真数字测图	SouthMap 成图软件
虚实结合全站仪	全站仪	仿真数字测图	SouthMap 成图软件
虚实结合无人机	无人机	仿真无人机航测	SouthUAV 航测软件
虚实结合无人机	地面站(遥控器)	仿真无人机航测	SouthUAV 航测软件
虚实结合机载扫描仪	SAL 扫描仪	仿真三维激光扫描	SouthLidar Pro 三维激光扫描软件
虚实结合架站扫描仪	SPL 扫描仪	仿真三维激光扫描	SouthLidar Pro 三维激光扫描软件
虚实结合电子水准仪	电子水准仪	仿真水准测量	MSMT 测量系统移动终端
虚实结合机器人全站仪	机器人全站仪	仿真建筑监测	SMOS 监测软件

2.2.3 三维激光点云测量的虚拟仿真实训教学案例

1. 设计思路

基于"学为中心、注重体验、能力为本"理念的实验设计方案:三维激光扫描系统仪器属于精密仪器,若稍有不慎摔坏,就会造成重大损失,因此很难为学生提供多次、长时间实践学习的机会,无法完全满足当前众多学习的精密仪器实践操作训练,以虚拟仿真实训为主,以虚助实的方法为三维激光点云测量的实践操作训练打开新思路。

通过建设虚拟仿真实训教学,按照突出学生主体地位,注重实际环境体验,提升综合素质能力的设计理念,构建了基础理论牵引、虚拟操作实践和现场实训三位一体的实验方案,学生可以逼真地进行精密三维激光扫描仪的安装架设、仪器操作及扫描过程,能有效提升学生的实践技能和解决问题的能力。

三维激光扫描技术虚拟仿真课程资源,旨在通过虚拟仿真技术手段,构建城市地面街景、地铁隧道、古建筑物等典型应用场景,开展三维激光扫描测绘实践,帮助学生掌握如何使用三维激光扫描仪、GNSS/RTK 等多种测量仪器和空间数据处理软件,完成地面、车载三维激光扫描测绘作业的仿真交互实验过程,提升学生分析解决三维激光点云数据的"采集—处理—应用"全过程问题的解决能力。本系统承担的各实训教学项目属于"测量学"的创新实践教学项目,是培养工程测量专业应用型人才的重要实践活动。

2. 教学方法

三维激光点云测量的虚拟仿真实训系统采用"虚实结合、线上线下协同、即时量化评价"等实训教学方法,建设基于互联网在线共享的三维激光扫描测绘应用实验项目,实现"精细化实训教学"的教学模式。实训项目采用虚拟仿真技术模拟古建筑/文物三维扫描、城市街景三维扫描、地铁隧道内部三维扫描测量实施过程,将"三维激光扫描虚拟仿真教学课程体系"的具体实训内容拆分成若干知识点融入虚拟仿真场景,采用交互式操作手段,帮助学生掌握三维激光扫描仪、RTK 控制测量操作过程,完成三维激光扫描仪、GNSS/RTK、点云数据后处理等相关仪器软件操作的演练,促进理论知识向实操技能的转化。系统自动记录用户在虚拟实践过程中的各类操作行为,完成自动打分,并提供错误操作提示,帮助教师发现学生在操作过程中存在的问题,共性问题共同指导,个性问题单独指导,为知识储备向实际操作技能的转化夯实基础。用户可以通过互联网访问本系统,基于系统提供的线上学习、虚拟仿真交互学习环境,完成各实验项目的学习,符合互联网时代的碎片化、在线学习、即时学习特征。

虚拟实训教学方法,以学生为中心,学生主导实验过程,综合运用三维视景、数值仿真、虚拟仪表等技术,实现了实装操作与模拟训练相结合,单机训练与体系运用相融合,专业技能学习与个人综合能力提升相耦合,可以逼真模拟、深度交互,调动学生学习的积极性,让学生直观地感受到三维激光扫描的实际场景,掌握三维激光扫描的工作原理、方案设计、项目实施,激发学生的想象力,培养其创新意识,提高学生发现问题、解决问题的能力。

3. 建设内容

"三维激光扫描虚拟仿真教学课程体系"的实训内容建设如表 2.4 所示。

表 2.4 三维激光扫描技术课程资源

分项	"三高三难"知识点梳理	知识点	技能点	"三高三难"	具体介绍
项目一:三维激光扫描技术认知	三维激光扫描系统工作原理及三维激光扫描技术特点	✓		难观摩	以虚拟仿真方式展示工作原理
项目二:三维激光扫描设备	地面站三维激光扫描仪构造及组成	✓		难观摩、难再现	以虚拟仿真形式拆开,了解内部构造,学生可以学习设备组装
	机载三维激光扫描仪构造及组成	✓		难观摩、难再现	以虚拟仿真形式拆开,了解内部构造,学生可以学习设备组装
	车载三维激光扫描仪构造及组成	✓		难观摩、难再现	以虚拟仿真形式拆开,了解内部构造,学生可以学习设备组装
项目三:激光扫描点云数据采集	(地面)野外扫描方案设计		✓	高投入、高风险、难实施	在虚拟环境中,模拟方案设计,评价
	(地面)基于标靶的点云数据采集	✓	✓	高投入、高风险、难实施	在虚拟环境中,进行整个过程的实施
	(地面)基于特征点的点云数据采集	✓	✓	高投入、高风险、难实施	在虚拟环境中,进行整个过程的实施

续表

分项	"三高三难"知识点梳理	知识点	技能点	"三高三难"	具体介绍
项目三：激光扫描点云数据采集	(地面)基于全站仪模式的点云数据采集	✓	✓	高投入、高风险、难实施	在虚拟环境中，进行整个过程的实施
	(地面)车载激光扫描数据采集	✓	✓	高投入、高难度、高风险、难实施、难观摩、难再现	以虚拟仿真形式过程教学，利用虚拟仿真环境实训教学；在虚拟环境中，进行整个过程的实施
	(空中)机载激光扫描数据采集	✓		高投入、高难度、高风险、难实施、难观摩、难再现	以虚拟仿真形式过程教学；利用虚拟仿真环境实训教学；在虚拟环境中，进行整个过程的实施
	扫描点云数据检查与评估		✓	难实施、难观摩	在虚拟场景中采集的点云数据，进行检查与评估在虚拟环境中，进行整个过程的实施
	点云数据导出		✓		虚拟环境中扫描的数据，可以导出所有扫描点云数据
项目四：点云数据预处理	点云配准		✓	难再现	以虚拟、直观的形式展示不同场景的点云配准过程及效果
	点云缩减、裁剪		✓	难再现	以虚拟、直观的形式展示不同场景的点云缩减、裁剪过程及效果
	点云分类		✓	难实施、难观摩	以虚拟、直观的形式展示不同地形的分类过程及效果
	DEM 制作		✓	难观摩、难再现	以虚拟、直观的形式展示 DEM 生产过程
项目五：综合应用实训示范	古建筑三维建模应用		✓	难观摩	以虚拟、直观的形式展示不同地形的建模过程及效果
	建筑立面测绘应用		✓	难观摩	以虚拟、直观的形式展示不同地形的立面测绘过程及效果
	地形图测绘		✓	难观摩	以虚拟、直观的形式展示不同地形的地形测绘过程及效果

4. 评价体系

面向创新能力培养的全过程考评体系包括：

（1）三维激光扫描虚拟仿真实训教学采用以创新能力培养为核心的全过程考评体系，利用网络教学平台设置学生学前测试，了解学生对基础知识的掌握程度。

（2）设置在线课堂作业、阶段测试，掌握学生的阶段学习情况及成绩评价。

（3）利用讨论板、聊天、通知等信息交流工具，记录学生学习互动和学习进度等情况。

（4）利用平台统计学生访问、下载资源情况，以考核学生对资源的利用情况。

（5）通过学习日志记录学生的学习情况及反思过程。

建立了完善的反馈机制，对参加实验的学生各方面的建议、评价与反馈信息，进行全面系统的统计分析，为指导教师改进和完善实验提供参考。

第3章　虚拟仿真工程测量

虚拟仿真工程测量是以《国家一、二等水准测量规范(GB/T 12897—2006)》《国家三、四等水准测量规范(GB/T 12898—2009)》《城市测量规范(CJJ/T 8—2011)》《工程测量标准(GB 50026—2020)》等标准规范为依据,参照全国职业院校技能大赛工程测量赛项中职组四等水准测量、一级导线测量和高职组二等水准测量、曲线测设坐标放样的技术要求,配置相应的仪器设备,模拟设置多种竞赛环境、演练多种作业步骤,并结合手工计算提交比赛成果(也可用 MSMT 软件记录计算),可自由组合竞赛,从而达到提升工程测量技能目的的一项系统性技术。

3.1　四等水准测量(光学水准仪)

虚拟仿真四等水准测量(光学水准仪)竞赛软件是利用虚拟引擎创建的高逼真、沉浸式的三维仿真场景,采用高端游戏制作方法,实现外业场景在虚拟空间的高清真三维呈现,包含基础定位点、高山、丘陵、平原、城区、城郊等不同类型的场景,以及丰富的地物、地貌元素。

软件模型允许人物自由漫游且第一视角可视化内容美观清晰,将资源最大化地用在第一视线范围内。中景和远景会根据项目的大小和场景中物件的特性得到优化,从而提升人物漫游的体验感。场景布景周围配景美观,镜头取景符合大众审美,针对重点添加特写镜头,并且在特写镜头后有全景图,以便学生更好地从整体到细节进行学习。

仿真仪器交互智能化,内容包括抓取、释放、回收、定位、操作,使用户在创建的仿真场景中产生沉浸感。仿真仪器的使用符合测量流程规范和课程内容,包括整平、粗瞄、照准、调焦等。

水准路线可以根据竞赛及实训的实际需要通过竞赛专家端任意规划,设置闭合水准路线、附合水准路线、支水准路线、水准网等,还可设置已知点和未知点。操作难度亦可以由竞赛专家调节,实现竞赛过程中所有环节的难易度设置。同时,软件系统具备自动评分功能,对学生执行路线水准测量的正确性、规范性进行自动记录、评估、计分,并输出和提交详细的考评记录单。

具体操作如下:

1)按键指南

快速掌握快捷键操作至关重要,操作类别为:基础、仪器、地图,如图 3.1 所示。

图 3.1 按键指南

2) 设置

调整个人电脑适配分辨率、画质、音效、缓存与备份路径,如图 3.2 所示。

图 3.2 设置

3) 背包

点击键盘快捷键"Tab"打开背包,在已安装仪器点击"定位"功能按钮,人物可快速定位至仪器附近;点击"回收"功能按钮,可快速回收,如图 3.3 所示。

图 3.3 背包

4）大地图

点击键盘快捷键"M"，打开大地图，地图显示已知高程点信息、人物当前位置、已知点图例、未知点图例，如图 3.4 所示。

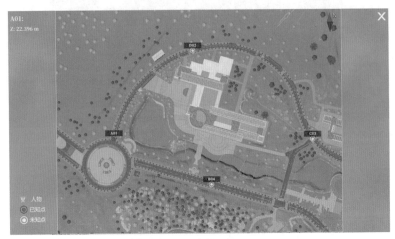

图 3.4 大地图

5）小地图

小窗口模式显示在主页面左上角，通过实时显示人物当前位置来判别方向，如图 3.5 所示。

图 3.5 小地图

6）仪器操作

当人物靠近至水准仪，高亮显示拾取（R）与操作（F），单击键盘快捷键"F"进入仪器操作界面，如图 3.6 所示。

键盘快捷键"1"快速对准 A 尺、"2"快速对准 B 尺、"3"快速翻面 A 尺、"4"快速翻面 B 尺，点击"缩放"功能按钮可放大物镜框视野进行读数，如图 3.7、图 3.8 所示。

图 3.6 自动安平水准仪架设

图 3.7 自动安平水准仪操作

图 3.8 自动安平水准仪物镜视场

7）记录表

单击键盘快捷键"T"打开记录表。

8）成绩提交

外业观测记录、内业计算完成，即可点击"结束作业"提交成绩，如图 3.10 所示。

图 3.9 记录手簿

图 3.10 成绩提交

3.2 二等水准测量（电子水准仪）

虚拟仿真二等水准测量（电子水准仪）竞赛软件类似于虚拟仿真四等水准测量（光学水准仪）竞赛软件，采用虚拟引擎创建的高逼真、沉浸式的三维仿真场景，仿真仪器交互智能化，水准路线可以根据竞赛及实训的实际需要通过专家端任意规划等。

具体操作如下：

1）背包

单击键盘快捷键"Tab"打开背包，在已安装仪器处点击"定位"功能按钮，人物可快速定位至仪器附近；点击"回收"功能按钮，可快速回收，如图 3.11 所示。

图 3.11　背包

2)大地图

单击键盘快捷键"M"打开大地图,地图上显示已知高程点信息、人物当前位置、已知点图例、未知点图例。

3)小地图

小窗口模式显示在主页面左上角,通过实时显示人物当前位置来判别方向。

4)仪器操作

当人物靠近至水准仪,高亮显示拾取(R)与操作(F),单击键盘快捷键"F"进入仪器操作界面,如图 3.12 所示。

图 3.12　电子水准仪架设

单击键盘快捷键"1"快速对准 A 尺、单击快捷键"2"快速对准 B 尺,点击"缩放"功能按钮可放大物镜框视野进行读数,如图 3.13、图 3.14 所示。

5)记录表

单击键盘快捷键"T"打开记录表,如图 3.15 所示。

图 3.13 电子水准仪操作

图 3.14 电子水准仪物镜视场

图 3.15 记录手簿

3.3 导线测量

虚拟仿真导线测量竞赛软件是由虚拟引擎创建的高逼真、沉浸式的三维仿真场景、仿真测绘装备的竞赛软件。该软件系统可完全模拟包括踏勘选点、建立标志、量边、测角和联测的导线测量外业工作，通过导线的内业计算，根据已知高级控制点的坐标和已知边的坐标方位角，以及外业观测的导线边长和转折角数据，推算各未知导线点的坐标，并评定导线测量成果的精度。

具体操作如下：

1）背包

点击键盘快捷键"Tab"打开背包，在已安装仪器处点击"定位"功能按钮，人物可快速定位至仪器附近，如图3.16所示；点击"回收"功能按钮，可快速回收。

图3.16 背包

2）大地图

单击键盘快捷键"M"打开大地图，地图上显示已知高程点信息、人物当前位置、已知点图例、未知点图例。

3）小地图

小地图以小窗口模式显示在主页面左上角，可实时显示人物当前位置，以此来判别方向。

4）仪器操作

当人物靠近至水准仪，高亮显示拾取（R）与操作（F），单击键盘快捷键"F"进入仪器操作界面，如图3.17和图3.18所示。

5）记录表

单击键盘快捷键"T"打开记录表，如图3.19所示。

图 3.17　全站仪架设

图 3.18　全站仪操作

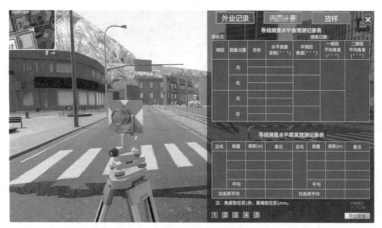

图 3.19　记录手簿

3.4 坐 标 放 样

1. 竞赛内容

如图 3.20 所示，已知某道路曲线第一切线上控制点 ZD1（300，300）和 JD1（350，250），该曲线设计半径 $R = 70\text{m}$，缓和曲线 $l_0 = 30\text{m}$，JD1 里程为 K1+300，转向角 $\alpha_{右} = 60°12'49''$。请按要求使用非程序型函数计算器计算铁路曲线主点 ZH、HY、QZ 点坐标，以及指定中桩点（K1+260、K1+280）坐标，共计算 5 个点。然后，根据现场已知测站点、定向点、定向检查点，使用全站仪点放样功能进行定中桩点（K1+260、K1+280）放样。控制点和待放样曲线之间关系如图 3.20 所示。

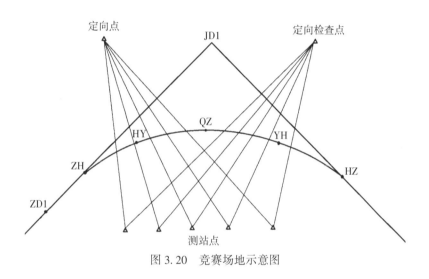

图 3.20　竞赛场地示意图

2. 上交成果示例

手工计算并上交成果：曲线常数、要素、主点里程及曲线中桩坐标计算成果和检测测设点坐标。

1）曲线常数、曲线要素计算结果表

曲线常数、曲线要素计算结果见表 3.1。

表 3.1　　　　　　　　　　　　曲线常数、曲线要素计算结果

β_0	q	p	T	L	E	Q
12°16′39.6″	13.977	0.536	55.876	103.565	11.536	8.188

2）里程及中桩坐标计算结果表

里程及中桩坐标计算结果见表 3.2。

表 3.2　　　　　　　　　　　里程及中桩坐标计算结果

序号	点名	里程	x 坐标	y 坐标	备注
1	ZH	K1+243.124	310.490	210.490	
2	HY	K1+273.124	332.155	233.116	
3	QZ	K1+295.906	340.912	252.964	
4	放样点 1	K1+260			
5	放样点 2	K1+280			

3）坐标检查表

坐标检查表见表 3.3。

表 3.3　　　　　　　　　　　坐标检查表

序号	点名	里程	原坐标		检查坐标	
			x	y	x	y
1	放样点 1	K1+100				
2	放样点 2	K1+280				

3. 操作介绍

1）背包

单击键盘快捷键"Tab"打开背包，在已安装仪器处点击"定位"功能按钮，人物可快速定位至仪器附近；点击"回收"功能按钮，可快速回收，如图 3.21 所示。

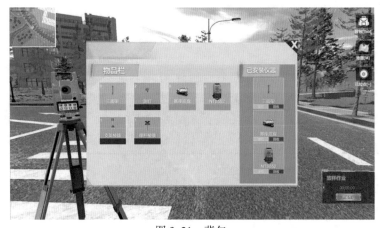

图 3.21　背包

2）大地图

单击键盘快捷键"M"打开大地图，地图上显示已知高程点信息、人物当前位置、已知点图例、未知点图例。

3）小地图

小地图以小窗口模式显示在主页面左上角，可实时显示人物当前位置，以此判别方向。

4）仪器操作

当人物靠近至水准仪，高亮显示拾取（R）与操作（F），单击键盘快捷键"F"进入仪器操作界面，如图3.22、图3.23、图3.24所示。

5）已知点

点击键盘快捷键"～"打开已知点列表，已知点可一键导入全站仪坐标管理库，如图3.25所示。

图 3.22　全站仪架设

图 3.23　全站仪操作

图 3.24　放样手势示意

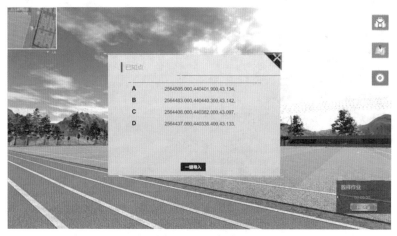

图 3.25　已知点

第4章 虚拟仿真数字测图

虚拟仿真数字测图数据采集软件基于虚拟现实技术，模拟数字测图外业数据采集流程，包括仪器架设、图根点采集、碎部点采集、坐标数据输出等测量全过程。

虚拟仿真数字测图竞赛是参照全国技能大赛数字测图的技术要求，配置同款仪器设备，可模拟设置多种竞赛环境，结合内业成图软件提交比赛成果，达到提升数字测图技能的目的。

经过不断地磨合和改进，虚拟仿真数字测图平台一次性可以同时容纳上万人比赛，这是线下比赛难以达到的。平台系统稳定，自动评分系统更是公平、公正、公开，因此受到各地主管部门、各校专家的一致认可，也得到各地测绘地理信息主管部门和教育行政管理部门的大力支持，各级主管部门负责人纷纷出席竞赛。

4.1 虚拟仿真数字测图数据采集软件

虚拟仿真数字测图数据采集软件是基于虚拟现实技术，模拟数字测图外业数据采集而开发的一款 PC 端仿真实训软件。数据采集软件可完成模拟仪器架设、图根点采集、碎部点采集、坐标数据输出的测量全过程。

虚拟仿真数字测图数据采集软件的功能特点如下：

(1)大场景自由测量，支持 1∶500 地形图精度。逼真的测量主场景，场景中包含城市道路、山区公路、道路附属物、城区建筑及其附属物、不同植被、不同地形区等多种类型的场景，包含实训所需所有场景。

(2)最全最真实的测量设备，有 RTK、手簿、全站仪、棱镜、脚架等测量必备设备。

(3)训练营，学练结合。可选择不同的仪器，通过引导方式介绍操作过程，渐进式地立体展现传统教学中无法描述的效果。

(4)数据导出。用户采集的数据可以导出到本地电脑中查看，无缝结合 SouthMap 成图软件。

软件的配置要求如下：

本软件运行过程中需要连网，客户机需允许本软件连接网络，若客户机已运行防火墙，用户可放心连网。此外，本软件配备加密保护机制，若客户机已运行杀毒软件，用户可放心授权此软件运行。

虚拟仿真数字测图数据采集软件的技术参数见表 4.1：

表 4.1　　　　　　　　　　　　　　配 置 要 求

硬件	推荐配置
操作系统	Windows7 / Windows10
CPU	Intel i5-7 系
内存	8GB
显卡	GTX 1060（荐）/ GTX 970/ RX 580
存储空间	10G

（1）采用虚拟现实技术构建 RTK 基准站、移动站、手簿、电脑、全站仪、测钉、对中杆棱镜、支架棱镜等设备，可进行设备结构组装认知学习，支持交互。构建利用 RTK+全站仪进行数据采集的大型虚拟三维外业环境，实现数据采集全过程虚拟作业和数据处理，支持交互。

（2）虚拟场景：软件支持 1∶500 地形图精度，有实训场景。软件加载成功后进入逼真的测量主场景，场景中包含城市道路、山区公路、道路附属物、城区建筑及其附属物以及不同植被、不同地形区等多种类型的场景，包含实训所需所有场景。场景内支持第一人称视角，支持人物灵活运动，包括走、跑、跳跃、翻跨等活动。

（3）虚拟设备：

①基准站：外观和仪器内置测量软件最大化还原真实仪器。仪器主要部件质感与真实仪器相同。

②移动站：外观和仪器内置测量软件最大化还原真实仪器。仪器主要部件质感与真实仪器相同。

③手簿：外观和仪器内置测量软件最大化还原真实仪器。仪器主要部件质感与真实仪器相同。

④全站仪：外观和仪器内置测量软件最大化还原真实仪器。仪器主要部件质感与真实仪器相同。各部件可交互，与真实效果一致。

⑤测钉：标准测钉。外形尺寸与真实测钉完全相同，外观最大化还原真实仪器。仪器主要部件质感与真实仪器相同。

⑥对中杆棱镜：外形尺寸与真实对中杆棱镜完全相同，外观最大化还原真实仪器。仪器主要部件质感与真实仪器相同。

⑦支架棱镜：外形尺寸与真实支架棱镜完全相同，外观最大化还原真实仪器。仪器主要部件质感与真实仪器相同。

（4）虚拟实训：

①模拟项目实施：满足学生全流程数字测图作业，支持在软件内外部进行数据传导。方便学生进行软件内数据采集作业，数据导出进行 CASS 绘图成图输出。

②模拟基准站操作：可架设并操作仪器，通过手簿进行设置。

③模拟移动站操作：可架设并操作仪器，通过手簿进行设置。

④模拟手簿操作：可操作仪器界面，完整模拟所有界面及功能。

⑤模拟全站仪操作：支持包括安装仪器、锁紧仪器等操作前准备，以及调节对中、整平、照准、盘右观测、盘左观测、面板操作、数据采集、迁站、数据导出等基本操作，完整模拟全站仪所有界面及功能。

⑥模拟测钉操作：移动并安置测钉，在场景中建立控制点标志。

⑦模拟对中杆棱镜操作：移动并安置棱镜，调整棱镜方向。

⑧模拟支架棱镜操作：移动并安置棱镜，调整棱镜方向。

⑨数据可导出进行绘图处理，兼容绘图软件。

(5)智能任务考核：内置任务体系，软件具备完成全流程数字测图的条件，学生在软件中操作，输出数据，形成绘图成果，教师可对学生的掌握情况进行评估，打分。

4.1.1 图根控制测量

1. 测钉

从"背包"里拿出测钉，作为控制点标志，如图 4.1 所示。

图 4.1 控制点(测钉)布设

2. RTK 基准站

架设 RTK 基准站，对卫星定位信号进行长期连续观测，如图 4.2 所示。

3. RTK 移动站

RTK 移动站接收卫星信号及基准站差分信号，得到控制点坐标，如图 4.3 所示。

4. 手簿

配合 RTK 设置，采集和存储数据等，如图 4.4 所示。

图 4.2　RTK 基准站架设

图 4.3　RTK 移动站架设

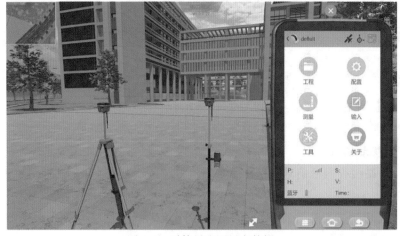

图 4.4　手簿导出图根点数据

5. 已知点

在页面以列表的形式默认展示 6 个控制点/已知点的坐标数据，用户点击"一键导入"按钮，系统默认将控制点/已知点坐标数据一键导入 RTK 移动站的手簿和全站仪中，如图 4.5 所示。这些控制点坐标与模型是匹配的。

图 4.5 已知点一键导入

4.1.2 碎部测量

1. 操作棱镜

配合全站仪测量待测点的坐标，如图 4.6 所示。

图 4.6 操作棱镜

2. 操作全站仪

全站仪主要用来测量水平角、垂直角、距离，得出平距、高差或坐标，如图 4.7、

图 4.8、图 4.9 所示。

图 4.7　架设全站仪

图 4.8　全站仪操作

图 4.9　全站仪导入数据

3. RTK 移动站测量

针对视野开阔的地物地貌，碎部测量也可以采用 RTK 移动站测量，如图 4.10 所示。

图 4.10 RTK 移动站架设与测量

4. 手簿采集

配合 RTK 设置，利用手簿采集和存储碎部点数据等，如图 4.11 所示。

图 4.11 手簿采集碎部点数据

4.2 SouthMap 成图软件

结合外业采集的碎部点坐标数据和草图，完成数据传输、地形绘制和成果输出等操作。工作流程如图 4.12 所示。

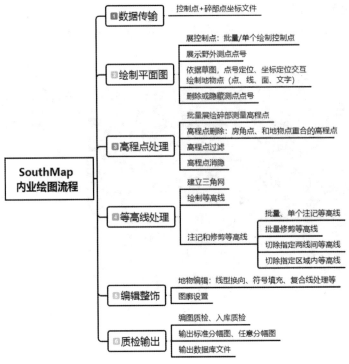

图 4.12　内业绘图流程

1. 数据传输

将野外采集的坐标数据，包括控制点和碎部点，传输到安装了 SouthMap 软件的电脑中。SouthMap 支持 dat、txt、csv、xls、xlsx 格式的坐标文件，一般说来，大部分外业采集设备输出的坐标数据，SouthMap 都能直接读取，无需转换，如图 4.13 所示。

图 4.13　SouthMap 支持的坐标文件类型

2. 绘制平面图

（1）绘制控制点。操作：点击菜单项"绘图处理"→"展控制点"，在如图 4.14 所示界面中，首先选择控制点坐标文件，然后选择控制点类型，最后点击"确定"按钮，从而实现批量绘制控制点。

图 4.14 "展控制点"对话框

（2）绘制平面图。点击菜单"绘图处理"→"展野外测点点号"，选择外业采集的碎部点坐标文件，批量绘制点号。

①在右侧绘图面板，选择"点号定位"或者"坐标定位"，结合草图或者底图，绘制点状、线状和面状地物要素，以及标注文字注记，如图 4.15 所示。

②平面图绘制完成，测点点号可以删除或者隐藏。

3. 高程点处理

高程点处理包括批量绘制高程点、高程点删除和高程点消隐等操作。

（1）批量绘制高程点。操作：点击菜单"绘图处理"→"展高程点"，选择外业采集的碎部点坐标文件。

（2）高程点删除。批量删除房角处高程点（见图 4.16）、路边线高程点（见图 4.17），和地物点重合的高程点（见图 4.18）。

（3）高程点过滤。当高程点过密时，点击菜单"绘图处理"→"高程点过滤"，在图 4.19 界面中设置过滤条件，进行高程点过滤。

（4）高程点消隐。高程点压线时，将高程点位压盖处做消隐处理，效果如图 4.20 所示。

4. 等高线处理

（1）建立三角网。点击菜单栏选项卡"等高线"，选择"建立三角网"，在如图 4.21 所示的界面，①选择建立方式；②设置结果显示方式；③点击"确定"按钮，操作这三个步骤即可完成三角网构建。

图 4.15　右侧绘图面板

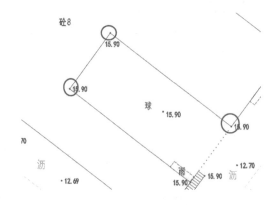

图 4.16　房角处高程点

图 4.17　线节点处高程点

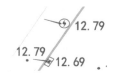

图 4.18　和地物点重合的高程点

图 4.19　高程点过滤

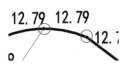

图 4.20　高程点消隐

图 4.21　"建立三角网"对话框

(2)绘制等高线。点击菜单栏选项卡"等高线"，选择"绘制等高线"，在如图 4.22 所示界面，①设置等高距；②设置拟合方式；③点击"确定"，操作此三个步骤即可完成等高线绘制。

此外，可点击菜单栏选项卡"等高线"，选择"删三角网"来删除全图三角网。

图 4.22 "绘制等高线"对话框

(3)注记等高线。点击菜单栏选项卡"等高线"，选择"等高线注记"，实现批量或者单个注记等高线高程。

(4)修剪等高线。点击菜单栏选项卡"等高线"，选择"等高线修剪"→"批量修剪等高线"，在如图 4.23 所示界面设置修剪方式和修剪地物，完成全图自动修剪。

图 4.23 等高线修剪界面

5. 编辑整饰

(1)地物编辑。平面图绘制完成，对图形要素进行编辑。操作如下：点击菜单栏选项卡"地物编辑"，选择"线形换向""复合线处理"等工具进行相关编辑。

(2)图廓设置。点击菜单栏选项卡"文件"，选择"参数设置"→"图廓属性"，打开"图廓属性"对话框设置图廓注记内容和图廓要素，如图 4.24 所示。

图 4.24　"图廓设置"对话框

6. 质检输出

检查所绘制地形图的错误,输出地形图成果。

(1)数据质检。点击菜单栏选项卡"质检",加载如图 4.25 所示的检查方案,根据需要完成编图质检和建库质检。

(2)分幅输出。点击菜单栏选项卡"绘图处理",选择"标准图幅",首先在图 4.26 界面设置图幅参数,然后点击"确定",输出如图 4.27 所示的标准分幅图。

图 4.25　质检方案

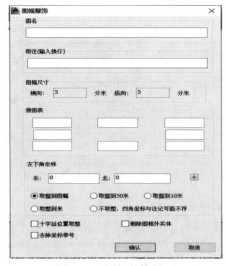

图 4.26　图幅整饰界面

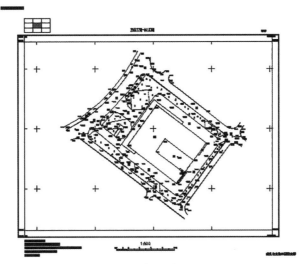

图 4.27 标准分幅图

第5章 虚拟仿真无人机航测

目前，我国正处于城镇化加速发展时期，未来城市将承载越来越多的人口，在能源、环境、交通和健康等方面也将面临越来越大的考验。为解决城市快速发展带来的日益严峻的"城市病"难题，智慧城市的建设已成为不可逆转的历史潮流。

无人机在智慧城市中的应用，也是城市精细化管理的体现，相比于人工巡检（即徒步巡检，劳动强度大、作业效率低、没有全局视角、成本高），无人机具有体积小、机动灵活、低成本、维护简单等特点，并具备高空、远距离、快速、自行作业的优势，还具有通过高空视角，利用实时高效的监控手段对我们城市管理中存在的各种问题以及违法现象实现无死角全方位监控等特点。

此外，无人机航测在房地一体测量项目、矿山监测、水利、环保等领域，应用也是广泛而深远。

5.1 真实场景航测作业流程及标准

航测外业数据采集除要求作业人员具备扎实的专业技术能力，更要求操作员具备爱岗敬业的热情、实事求是的作业态度、吃苦耐劳的优良品质、团结互助的精神。

为了提高工作能力和技术水平，飞行作业人员须有针对性地参与业务技能培训，通过作业实践，不断地积累经验，还能提高自身的综合素质。此外在项目实施过程中严格执行质量标准和操作规程，明确航测外业飞行作业要求，统一技术标准，保证飞行作业的安全和质量满足倾斜摄影工作的需要。

正常情况下无人机倾斜摄影航测项目要求无人机飞行作业组达到以下几点要求：

（1）与甲方所签订的合同中所规定的作业范围（最终以 KML 文件形式呈现）；

（2）测区内敏感区域如军事敏感区、机场禁飞区等（最终以 KML 文件形式呈现）；

（3）模型分辨率精度及地形图比例尺，例如：1∶500 地形图 3cm 分辨率；

（4）飞行组规划航线时要达到的精度，例如：精度要求达到 1.5cm；

（5）像片的航向与旁向重叠度，例如：80/75 或 80/60；

（6）根据摄像机的成像效果要求的作业时的最低能见度、太阳光照度和最佳作业时间段（也可以由飞行作业人员自行参照《太阳高度计算的分析与应用》）。

无人机倾斜摄影航测作业流程如图 5.1 所示。

对于航测外业测量，国家制定了相关的规范文件，具体规范见表 5.1。

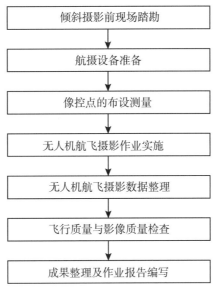

图 5.1 无人机倾斜摄影航测作业流程

表 5.1 航测外业测量规范性文件

编号	文 件 名
GB/T 7931	1:500 1:1000 1:2000 地形图航空摄影测量外业规范
GB/T 13923	基础地理信息要素分类与代码
GB/T 20257.1	国家基本比例尺地图图式 第 1 部分:1:500 1:1000 1:2000 地形图图式
GB/T 20258.1	基础地理信息要素数据字典 第一部分:1:500 1:1000 1:2000 基础地理信息要素数据字典
GB/T 24356	测绘成果质量检查与验收
CH/T 1004	测绘技术设计规定
CH/Z 3005	低空数字航空摄影规范
CH/Z 3004	低空数字航空摄影测量外业规范

无人机航测内业作业流程如图 5.2 所示,其中 POS 解算环节不在虚拟场景中进行模拟。

对于航测内业测量,国家及相关部门也制定了相关规范文件,具体规范如下:

1. 国家标准

(1)《测绘基本术语》(GB/T 14911—2008);

(2)《航空摄影技术设计规范》(GB/T 19294—2003);

(3)《IMU/GPS 辅助航空摄影技术规范》(GB/T 27919—2011);

（4）《数字航空摄影规范第 1 部分：框幅式数字航空摄影》（GB/T 27920.1—2011）；

（5）《1∶500、1∶1000、1∶2000 地形图航空摄影规范》（GB/T 6962—2005）；

（6）《1∶5000、1∶10000、1∶25000、1∶50000、1∶100000 地形图航空摄影规范》（GB/T 15661—2008）；

（7）《国家基本比例尺地图图示第一部分：1∶500 1∶1000 1∶2000 地形图图式》（GB/T 20257.1—2017）；

（8）《数字航空摄影测量空中三角测量规范》（GB/T 23236—2009）；

（9）《1∶500、1∶1000、1∶2000 地形图航空摄影测量内业规范》（GB/T 7930—2008）；

（10）《1∶500、1∶1000、1∶2000 地形图航空摄影测量外业规范》（GB/T 7931—2008）；

（11）《1∶5000、1∶10000 地形图航空摄影测量外业规范》（GB/T 13977—2012）；

（12）《1∶5000、1∶10000 地形图航空摄影测量内业规范》（GB/T 13990—2012）；

（13）《全球定位系统 GPS 测量规范》（GB/T 18314—2008）；

（14）《数字测绘成果质量要求》（GB/T 17941—2008）；

（15）《测绘成果质量检查与验收》（GB/T 24356—2009）；

（16）《工程测量标准》（GB 50026—2020）；

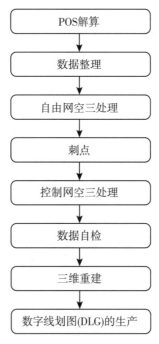

图 5.2　无人机航测内业作业流程

2. 行业标准

（1）《城市测量规范》（CJJ/T 8—2011）；

（2）《卫星定位城市测量技术规范》（CJJ/T 73—2010）；

（3）《全球定位系统实时动态测量（RTK）技术规范》（CH/T 2009—2010）；

（4）《三维地理信息模型数据产品规范》（CH/T 9015—2012）；

（5）《三维地理信息模型生产规范》（CH/T 9016—2012）；

（6）《三维地理信息模型数据库规范》（CH/T 9017—2012）；

（7）《三维地理信息模型数据产品质量检查与验收规范》（CH/T 9024—2014）

（8）《数字航空摄影测量控制测量规范》（CH/T 3006—2011）；

（9）《摄影测量航空摄影仪技术要求》（MH/T 1005—1996）；

（10）《航空摄影仪检测规范》（MH/T 1006—1996）；

（11）《低空数字航空摄影规范》（CH/Z 3005—2010）；

（12）《低空数字航空摄影测量外业规范》（CH/Z 3004—2010）；

（13）《低空数字航空摄影测量内业规范》（CH/Z 3003—2010）；

（14）《无人机航摄系统技术要求》（CH/Z 3002—2010）；

（15）《无人机航摄安全作业基本要求》（CH/Z 3001—2010）。

5.2　虚拟仿真无人机航测系统介绍

虚拟仿真无人机航测系统由考试系统、航测外业虚拟仿真软件、航测内业数据处理软件三部分构成（见图5.3）。

其中考试系统主要负责竞赛过程中必要监考数据的获取，如时间信息、摄像头考生影像信息等，同时提供竞赛数据上传接口。

图5.3

航测外业虚拟仿真软件分为练习模式与竞赛模式（见图5.4、图5.5）。

外业软件可模拟真实航测流程中的外业环节，具体见表5.2。

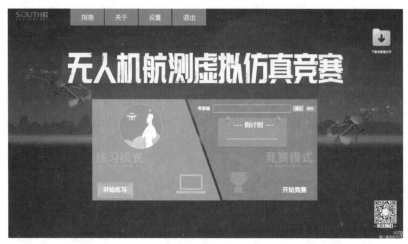

图 5.4 练习模式

图 5.5 竞赛模式

表 5.2 模拟的外业环节和说明

模拟的外业环节	环节说明	注意事项
现场踏勘	理解外业完全作业要求,对虚拟测区内高层建筑、起飞场地等进行踏勘	安全作业、像控布设的合理性、精度控制及检查点、坐标系、航飞操作规范等
像控布设	根据精度要求及现场情况设计像控布设方案,并在虚拟场景中实施	
设备组装	检查虚拟无人机设备并按规范组装	
航线规划飞行	根据给定的测区范围、分辨率等要求在虚拟地面站中进行航线规划,并对虚拟测区进行航飞数据采集。航飞完成后导出外业航测数据至本地计算机	

虚拟场景可按需调整，程序内置的虚拟无人机为测绘智航 SF600E 航测无人机(见图 5.6)，默认配置 2400 万像素、25 毫米焦距航测相机或倾斜相机。

图 5.6　智航 SF600E 航测无人机

智航 SF600E 航测无人机系统配备 100Hz 高精度实时分 GNSS 板卡，精度高、效率快，支持正射及倾斜作业模式，具备免相控成图及测图能力，可满足多种航测需求。

智航 SF600E 航测无人机系统具备以下技术优势：①免像控成图；②实时高精度 POS，清晰安全；③单架次作业面积可达 0.67km²；④空载续航可达 70 分钟；⑤仿地飞行；⑥毫米波雷达避障。

航测内业数据处理软件采用测绘 SouthUAV 航测一体化处理软件虚拟仿真版(见图 5.7)，模拟的内业流程见表 5.3。

表 5.3　　　　　　　　　　　　　模拟的内业流程

模拟的内业流程	流程说明	注意事项
数据整理	对虚拟场景中采集的航测外业数据在真实生产软件环境中进行整理并创建内业工程	精度控制及检查点、坐标系、数据整理及处理规范、精度评估、模型生产、DLG 生产等
空三运算	在真实生产软件环境中进行自由网空三、像控刺点、控制网平差并生成精度评估报告	
模型成果生产	在真实生产软件中进行实景三维模型生产并进行质量检查	
DLG 成果生产	采用裸眼测试的技术方式基于实景三维模型进行 DLG 数字线划图采集生产，由考试系统对成果精度等进行评价	

SouthUAV 软件实现了针对航测数据的全流程作业覆盖，所有航测数据处理的相关工作都可在平台内完成，极大地保障了用户数据处理的连贯性，有助于保持数据及流程

的完整性与准确性，从而节省内业时间，提高整体生产效率。

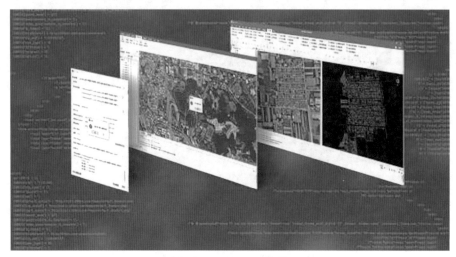

图 5.7　SouthUAV 软件

SouthUAV 软件具有以下特点：①联合解算；②一键质检；③影像预处理；④快速空三处理；⑤模型生产；⑥三维测图。

5.3　虚拟仿真无人机航测计算机硬件要求

航测运算过程对计算机硬件要求极高，虚拟仿真航测软件系统针对虚拟仿真场景下的运算进行了算法优化，在照片数量相同的情况下，相比真实无人机航拍照片运算时间有极大的减少，因此更加符合限定时间的竞赛场景需求。

空三运算环节对独立显卡显存、CPU 多核性能、内存容量等要求均较高，建模阶段对 CPU 多核性能、内存容量要求较高，且运算过程中会产生大量零碎文件，全程对硬盘要求较高。同时竞赛过程中通常会打开监考系统、远程协助软件等后台程序，如计算机性能不足则极易导致程序错误或运算时间过长。因此，虚拟仿真系统计算机硬件运行环境建议尽量采用台式计算机，配置要求见表 5.4。

表 5.4　　　　　　　　　　　　　　　计算机配置要求

	最低笔记本计算机配置	最低台式计算机配置	建议台式计算机配置
操作系统	Windows10 及以上	Windows10 及以上	Windows10 及以上
CPU	不低于 I7~10750H	不低于 I5-10600K	不低于 I9-10900K
内存	不低于 16G	不低于 16G	不低于 64G
显卡	独立显卡，不低于 GTX1660	独立显卡，不低于 GTX1660	独立显卡，不低于 RTX3060
显存	不低于 6G	不低于 6G	不低于 8G

续表

	最低笔记本计算机配置	最低台式计算机配置	建议台式计算机配置
硬盘	固态硬盘，可用空间不低于100G	固态硬盘，可用空间不低于100G	固态硬盘，可用空间不低于200G
摄像头	1080P摄像头，要求可清晰分辨人脸五官	1080P摄像头，要求可清晰分辨人脸五官	1080P摄像头，要求可清晰分辨人脸五官

5.4 虚拟仿真无人机航测

本节主要是对虚拟仿真无人机航测竞赛软件系统的实操进行竞赛流程展示，具体包括现场踏勘、像控点布设、无人机组装/检查、航飞、数据整理、数据处理、DLG生产等环节。部分参考资料取自2022年全国大学生测绘学科创新创业智能大赛——无人机航测虚拟仿真比赛，未来本赛项竞赛内容会发生变更，如提交DLG数字线化图等成果。

5.4.1 现场踏勘

现场踏勘是在理解作业要求的前提下，对虚拟测区内禁飞区、高层建筑、起飞场地等进行踏勘的过程，其目的是满足安全飞行，精度保证要求。

无人机航飞首先要遵循的原则是合法安全，在符合国家无人机空域管理、测绘成果保密等相关规定的前提下才能开展航测作业活动。符合免申请空域条件的轻型无人机在适航空域飞行无需申请，其他无人机类型或区域务必在飞行前查询当地法规，在合法安全的情况下执行飞行任务。

一般情况下，禁飞区包含但不限于：机场(见图5.8)、政府机构上空、军事单位上空(如军分区或武装部等)、带有战略地位设施上空(如大型水库或水电站等)、政府执法现场(如游行示威或上访等大型群体事件等)、政府组织的大型群众性活动(如运动会或联欢晚会等)、监管场所上空(如监狱或看守所等)、人流密集区域(如火车站或汽车站广场等)、危险物品工厂及仓库等(如化工厂或炼油厂)。无人机能够顺利起飞的地方也不代表绝对安全，同样可能处于禁飞区，飞行前请务必查阅相关法律、法规及信息或咨询当地飞行管制部门，确保飞行区域不属于禁飞区。

以图5.9所示某学校虚拟仿真场景为例，箭头区域为待倾斜航飞区域，地面分辨率要求1.5cm，航向重叠率不低于70%，旁向重叠率不低于65%，该区域中央子午线为114°E，要求生产3度带2000坐标系的三维模型及数字线划图。

一般需进行4种场地的踏勘：地形、超高人工地物、禁飞区、起降场地。以1.5cm地面分辨率、25mm焦距正射镜头无人机系统为例，倾斜航飞航线高度不高于96m，航线外扩不低于96m。

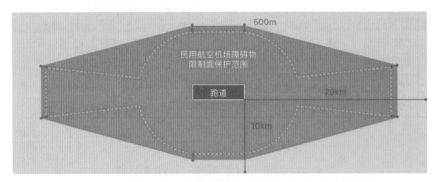

*以上为机场限飞区划定原则，具体区域根据各机场不同环境有所区别。

禁飞区　将民用航空局定义的机场保护范围坐标向外拓展500米，连接其中8个坐标形成八边形禁飞区。

限飞区　跑道两端终点向外延伸20千米，跑道两侧各延伸10千米，形成约20千米宽、40千米长的长方形限飞区，飞行高度限制在120米以下。

图 5.8　机场仿真

图 5.9　某学校虚拟仿真场景

本虚拟场景南北侧均有山丘，北侧山丘较高但离测区较远（见图 5.10），南侧山丘在测区内但高度仅有 20 多米，因此测区外扩 96m 内无大落差地形。校区地形基本平坦，建筑物分布于缓和斜坡上，建筑高度一般比不过 10 层（以层高 4m 预估，建筑物均不超过 50m，见图 5.11）。需注意，南侧山丘上有高压供电线塔，高度约 30m（见图5.12）。

图 5.10 虚拟场景

图 5.11 建筑高度

图 5.12 虚拟高压供电线

待测区域内会设置禁飞区或禁飞区标识牌示意(见图 5.13),无人机进入禁飞区或飞行高度过低导致撞击建筑物会直接炸机,竞赛结束(见图 5.14)。

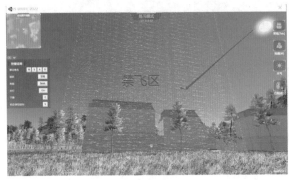

图 5.13　禁飞区

图 5.14　飞机撞击建筑物

起飞场地附近需空旷、平坦、无干扰,距离建筑物较近的起飞场地具有一定的安全隐患,需尽量规避。

5.4.2　像控布设

根据精度要求及现场情况设计像控布设方案,并在虚拟场景中实施。竞赛中可采用特征点像控布设或标靶板像控布设方案。像控布设前需使用 RTK 采集不少于 3 个已知点坐标来计算测区坐标转换参数,像控布设原则为覆盖完整、均匀分布,检查点需在控制网内布设。

首先对 RTK 进行开机、设置网络、设置 CORS 差分数据链等操作,需注意检查仪器高设置(见图 5.15、图 5.16、图 5.17、图 5.18)。

图 5.15　开机

图 5.16　连接网络一

图 5.17　连接网络二

图 5.18　连接网络三

　　然后导入已知点坐标，并对测区内已知点进行测量，本次模拟操作拟对 K5、K7、K9 三个点进行测量。计算转换参数后点击"应用"按钮即可进行后续像控点采集(见图 5.19~图 5.24)。

图 5.19　导入已知点

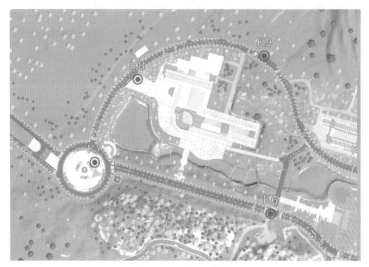

图 5.20　测区已知点

图 5.21　坐标管理库

图 5.22　增加坐标

图 5.23 求转换参数一   图 5.24 求转换参数二

像控点采集时需采用控制点测量模式，必要时需记录点之记（见图 5.25、图 5.26、图 5.27）。

图 5.25 控制点测量一

坐标采集完成后导出像控点坐标文件并回收仪器（见图 5.28、图 5.29）。

图 5.26　控制点测量二 　　　　　　　　　　图 5.27　控制点测量三

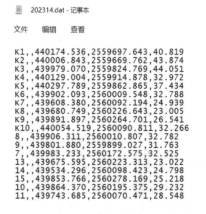

图 5.28　导出像控点坐标文件一 　　　　　图 5.29　导出像控点坐标文件二

如图 5.30 所示，像控点分布基本均匀，但 14 号像控点未布设于测区内，如采用传统正射航飞方式则该点可能无法拍摄到，采用倾斜航飞时则仅有部分侧视相机能拍摄到该点。10 号和 11 号点拟设置为检查点。

5.4.3　设备检查及组装

选择合适的起飞场地并取出 SF600 无人机，按照培训标准流程安装螺旋桨、电池、相机等配件，检查安装无误后格式化存储卡，选择照片储存位置并启动无人机及相机

（见图 5.31~图 5.35）。

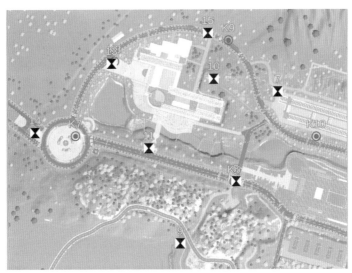

图 5.30 像控点分布

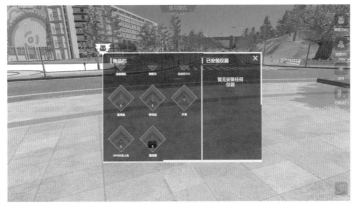

图 5.31 安装仪器

图 5.32 安装旋翼一

图 5.33　安装旋翼二

图 5.34　安装旋翼三

图 5.35　启动无人机

5.4.4　航线规划及飞行

取出遥控器并开机，连接无人机后进入规划航线摄影测量界面进行航线规划（见图 5.36、图 5.37、图 5.38）。本次采用 T53 五镜头倾斜相机，焦距为 25mm，航向及旁向重叠率分别为 70%、65%（见图 5.39）。外扩 1 个航高，即 96m。设置完成后，程序会预估航飞面积、单镜头拍照数等信息（见图 5.40、图 5.41、图 5.42）。本次模拟测试航飞范围较大，预计总照片数约为 3800 张。

保存航线后进入飞行管理界面（见图 5.43），调用已保存航线后操作拨杆解锁无人机（见图 5.44），点击飞行管理页面。该页面左下角视图内可进行相机测试拍照（见图 5.45）。

检查完相机拍照后即可点击"执行"按钮，按照提示启动无人机自动航线飞行（见图 5.46、图 5.47）。

图 5.36 航线规划一

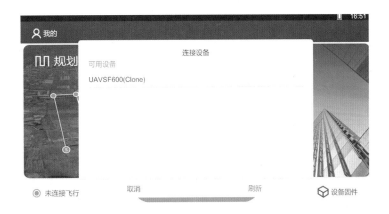

图 5.37 航线规划二

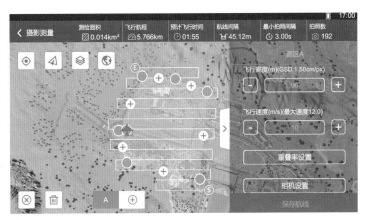

图 5.38 航线规划三

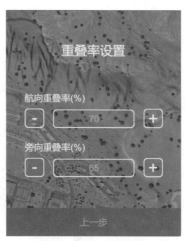

图 5.39　重叠率设置

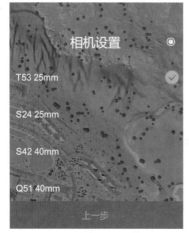

图 5.40　相机设置一

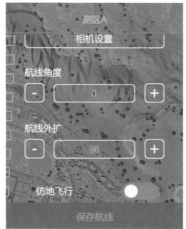

图 5.41　相机设置二

图 5.42　保存航线

图 5.43　飞行管理一

图 5.44　飞行管理二

图 5.45　飞行管理三

图 5.46　启动无人机一

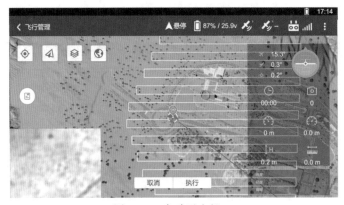

图 5.47　启动无人机二

航飞过程中无需人工干预，飞行管理界面可实时显示无人机位置等信息，航飞完成后在预设储存位置会出现 5 个镜头的照片数据、POS 数据、虚拟仿真参数数据、V1 图（航线信息图）、V2 图（像控分布图）等数据。数据检查无误后即可回收无人机并点击 SouthUAV 图标进入航测内业数据处理软件（见图 5.48、图 5.49、图 5.50）。

图 5.48　飞行管理

图 5.49 预设数据存储位置

图 5.50 点击 SouthUAV 图标

5.4.5 数据整理

使用 SouthUAV 航测一体化处理软件连接设备功能创建内业项目工程(见图 5.51),选择本地读取,浏览文件路径并连接设备,相机参数、POS 设置、坐标系等需对应正确设置(见图 5.52)。

点击"下一步"进入照片对齐页面,删除列表中多余文件并检查照片数量是否一致。如进行地面照片试拍则可能出现正射镜头照片数量与侧视镜头不一致(见图 5.53)。可勾选"自动处理地面 POS"和"自动处理地面照片"复选框自动删除试拍照片(见图 5.54),如无法自动对齐则需点击"架次 1"按钮进行手动对齐(见图 5.55)。

点击"下一步"进入创建工程数据整理的最后一步,设置工程名、目录,对照片进行重命名,建议勾选"POS 写入照片""焦距写入照片"(见图 5.56)。点击"完成"进行数据整理对齐后的工程创建,数据拷贝完成后主界面会显示二维点位分布图(见图 5.57、图 5.58)。

图 5.51 连接设备

图 5.52 参数设置

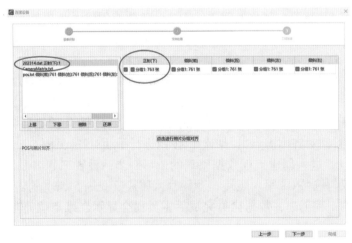

图 5.53 照片对齐

图 5.54　删除试拍照片

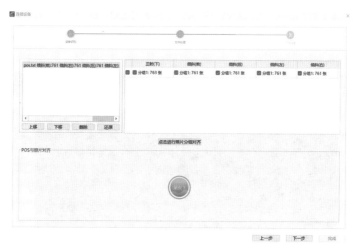

图 5.55　手动对齐

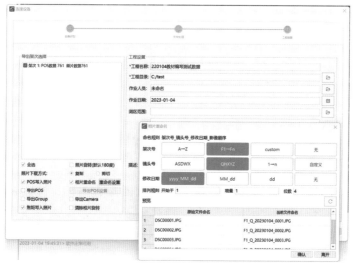

图 5.56　对照片重命名

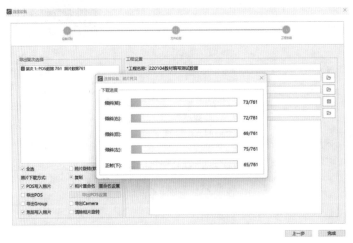

图 5.57 照片拷贝

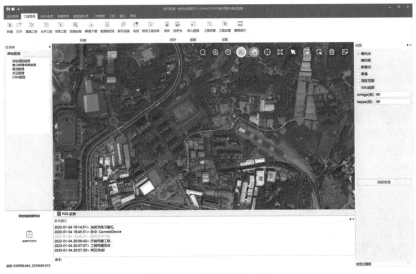

图 5.58 二维点位分布图

5.4.6 空三运算

点击"数据预处理"选项卡下"自由网空三"按钮,进行自由网空中三角测量计算(图 5.59)。空三运算特征提取阶段会占用独立显卡显存,特征匹配及平差阶段会占满 CPU 运算资源(见图 5.60),该环节应格外注意硬件性能是否达标,性能越强,运算速度越快。

自由网空三测量完成后会弹出自由网空三报告,点击"刺点"按钮进行控制点刺点操作(见图 5.61、图 5.62、图 5.63)。

图 5.59 自由网空三

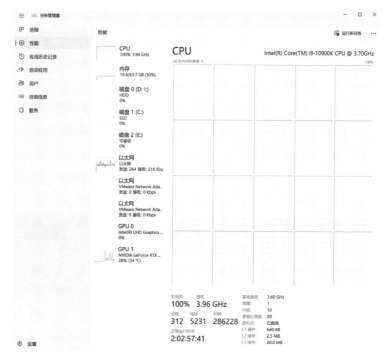

图 5.60 CPU

无人机自由网空三报告

工程概况:

工程名称:	220104教材编写测试数据
作业时间:	2023-01-04
作业人员:	未命名
架次数:	1
参与计算的架次:	1
坐标参考系:	CGCS2000 / 3-degree Gauss-Kruger CM 114E
相机型号:	Sony ILCE-5100 25mm
镜头数:	5
平均地图分辨率:	0.013662

匹配平差:

影像数:	3805
平差情况:	3805个成功, 0个失败
匹配像素点:	1457615
标记:	293179
平均高程:	33.980

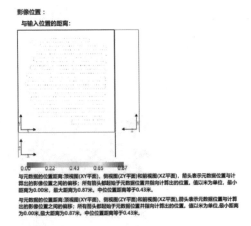

图 5.61　自由网空三报告

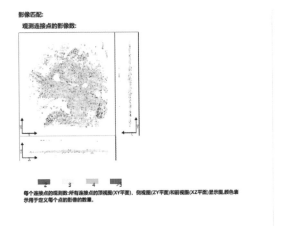

图 5.62　影像匹配

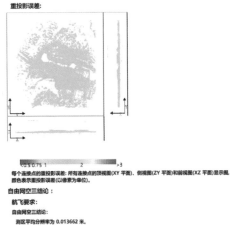

图 5.63　刺点

　　导入控制点文件并进行坐标系设置等操作,选中像控点,软件会自动进行坐标预测,可通过筛选功能对像控点或镜头号进行排序。本次测试要求每个像控点的每个镜头需刺5张照片,共计刺25张照片,需设置2个检查点(见图5.64、图5.65、图5.66)。

图 5.64　导入控制点文件

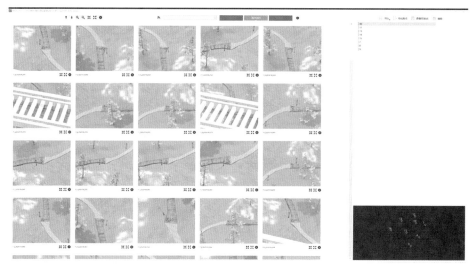

图 5.65　坐标预测一

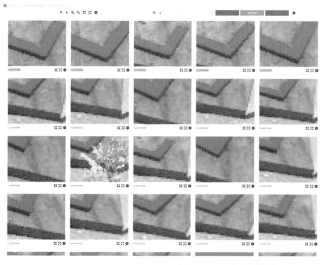

图 5.66　坐标预测二

　　点击"开始平差"按钮进行控制网平差，平差结束后会弹出数据刺点报告，报告中可体现控制点分布、检查点分布、刺点平差精度等信息（见图 5.67、图 5.68、图 5.69）。系统会根据精度指标自动进行精度评分，检查点分布合理性等环节需进行人工评分。

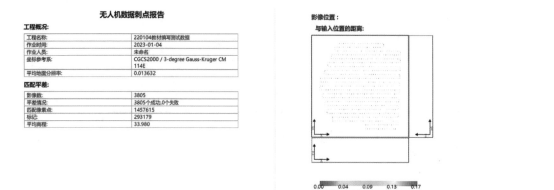

图 5.67　数据刺点报告

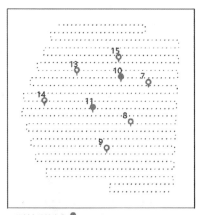

图 5.68　检查点分布

控制点:

名称	精度(米)	监控影像重RMS(像素)/每光结控高程差RMS(米)	三维误差(米)	水平误差(米)	高程误差(米)
14	水平: 0.01 高程: 0.01	1.84	0.01	0.03656	X: 0.03478 Y: 0.01128	0.00044 ①
9	水平: 0.01 高程: 0.01	1.37	0.01	0.01720	X: 0.00940 Y: 0.01398	0.00343 ①
7	水平: 0.01 高程: 0.01	1.82	0.01	0.03166	X: 0.00502 Y: 0.03122	0.00155 ①
13	水平: 0.01 高程: 0.01	1.63	0.01	0.02817	X: 0.01577 Y: 0.02317	0.00285 ①
15	水平: 0.01 高程: 0.01	1.07	0.00	0.02166	X: 0.00678 Y: 0.02026	0.00354 ①
8	水平: 0.01 高程: 0.01	1.23	0.01	0.00882	X: 0.00172 Y: 0.00588	0.00635 ②
平均值					X: 0.01224 Y: 0.01763	0.00303
均方根误差					X: 0.01643 Y: 0.01949	0.00355
最大值					X: 0.03478 Y: 0.03122	0.00635

控制点结论:

② 共有1个,占总点数16.67%。

② 共有0个,占总点数0.00%。

① 共有5个,占总点数83.33%。

检查点:

名称	精度(米)	监控影像重RMS(像素)/每光结控高程差RMS(米)	三维误差(米)	水平误差(米)	高程误差(米)
11	水平: 0.01 高程: 0.01	0.73	0.00	0.00445	X: 0.00287 Y: 0.00337	0.00046 ②
10	水平: 0.01 高程: 0.01	16.37	0.07	0.34390	X: 0.31724 Y: 0.13268	0.00489 ①
平均值					X: 0.16006 Y: 0.06802	0.00267
均方根误差					X: 0.22433 Y: 0.09385	0.00347
最大值					X: 0.31724 Y: 0.13268	0.00489

检查点结论:

② 共有1个,占总点数50.00%。

② 共有0个,占总点数0.00%。

① 共有1个,占总点数50.00%。

图 5.69　刺点平差精度

5.4.7　三维成果生产

常用的航测实景三维成果包括 OSGB 或 OBJ 实景三维模型、tif 格式 DOM 数字正射影像、tif 格式 DSM 数字表面模型、tif 格式 DEM 数字高程模型。DOM 和 DSM 可叠加生成类似三维模型的效果,也可以通过 SouthMap 等软件合并转换为 OSGB 格式的三维模型,但其模型侧面纹理多有缺失,展示效果比直接生产的实景三维模型略差。主流裸眼测图软件均采用实景三维模型进行 DLG 数字线划图的生产。

本节主要介绍 OSGB 格式实景三维模型、tif 格式 DOM 数字正射影像和 DSM 数字表面模型的三维成果生产。

首先点击"生产模型"按钮进入实景三维成果生产界面(见图 5.70),根据要求的三维模型范围、数据格式、分块大小、坐标系等进行参数设置并提交生产,生产完成的数据存储于工程目录下(见图 5.71、图 5.72)。

图 5.70　点击"生产模型"

三维模型的成果可直接转换输出 DOM 数字正射影像、DSM 数字表面模型,可按照项目要求勾选"输出 DOM 数字正射影像"或"输出 DSM 数字表面模型",设置分辨率、分幅图像尺寸、数据格式等参数并提交生产,生产完成的数据存储于工程目录下(见图 5.73、图 5.74)。

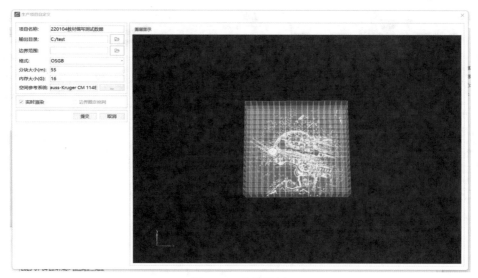

图 5.71　参数设置

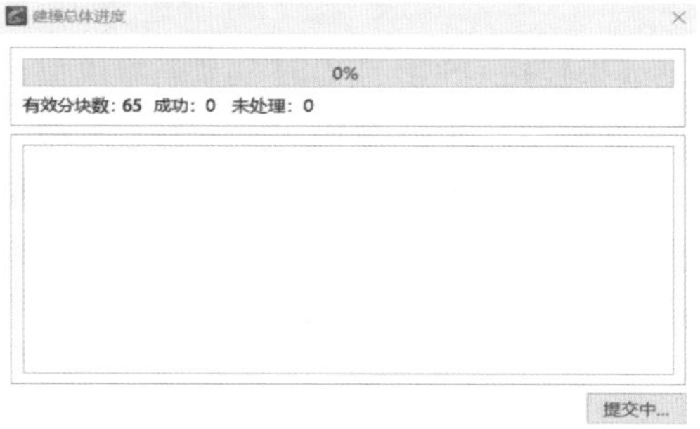

图 5.72　提交生产

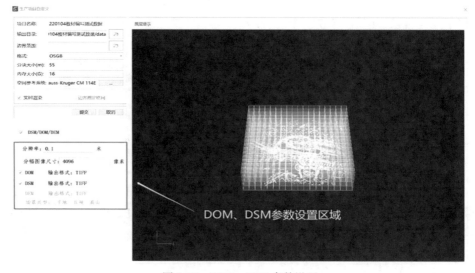

图 5.73　DOM、DSM 参数设置

图 5.74　提交生产

数据生产完成后软件会显示相关提示(见图 5.75)。

图 5.75　提示窗口

以下是几种三维成果示例:

(1)OSGB 格式实景三维模型,如图 5.76、图 5.77、图 5.78 所示。

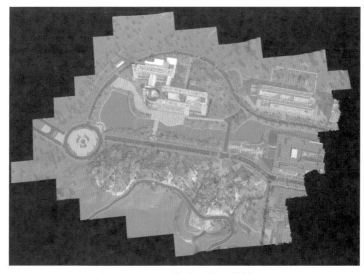

图 5.76　OSGB 格式实景三维模型一

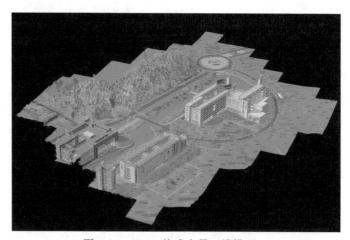

图 5.77　OSGB 格式实景三维模型二

图 5.78　OSGB 格式实景三维模型三

（2）tif 格式 DOM 数字正射影像选择及模型如图 5.79、图 5.80 所示。

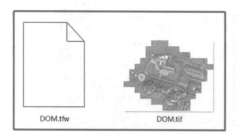
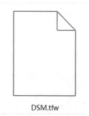

图 5.79　tif 格式 DOM 数字正射影像文件

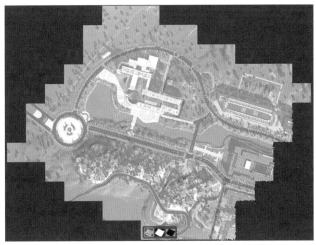

图 5.80　tif 格式 DOM 数字正射影像模型

（3）tif 格式 DSM 数字表面模型，如图 5.81、图 5.82、图 5.83 所示。

（4）DOM 与 DSM 叠加生成的三维模型效果，如图 5.84、图 5.85、图 5.86 所示。

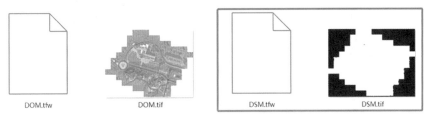

图 5.81　tif 格式 DSM 数字表面模型文件

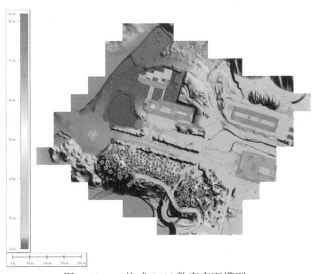

图 5.82　tif 格式 DSM 数字表面模型一

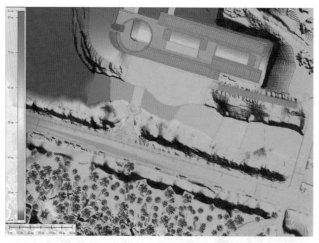

图 5.83　tif 格式 DSM 数字表面模型二

图 5.84　DOM 与 DSM 叠加生成的三维模型效果一

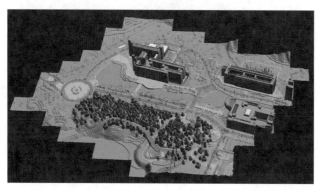

图 5.85　DOM 与 DSM 叠加生成的三维模型效果二

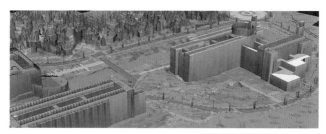

图 5.86　DOM 与 DSM 叠加生成的三维模型效果三

5.4.8　DLG 三维测图生产

基于倾斜摄影三维数据模型进行 DLG 数字线划图生产的技术已经非常成熟，SouthMap 3D 软件可利用倾斜摄影技术获取的影像数据开展高精度大比例尺地形数据的矢量采集工作。无须佩戴立体眼镜，在裸眼状态下就可以根据影像所见即所得的定位地物要素的三维信息，同时赋予要素国标编码。矢量成果可导出多种数据格式，也可以辅助国土信息进行不动产登记、二三维地籍规划等，作业流程如图 5.87 所示。

图 5.87　基于倾斜摄影三维模型的数字线划图作业流程图

1. 加载数据

启动 SouthMap 3D 软件，加载由虚拟仿真航测系统采集并完成建模的倾斜三维模型（见图 5.88）。

操作步骤：点击菜单选项卡"三维测图"，选择"加载三维模型"，选择需要加载的模型文件（见图 5.89）。

2. 三维测图

在 SouthMap 3D 中，以裸眼的方式在倾斜三维模型中联动采集点、线、面状要素，同步在二维窗口中生成矢量图形。以下列顺序分类采集完成，并赋予基本属性：房屋采集、采集地形要素（点、线、面）、采集高程点、等高线生成和修剪。

1）房屋采集

SouthMap 3D 提供多种方式采集房屋，如面面相交绘房、房棱绘房、直角绘房等，见图 5.90、图 5.91。

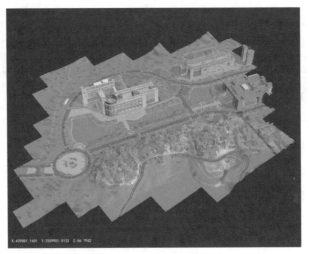

图 5.88　倾斜三维模型

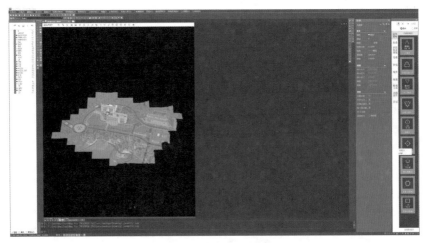

图 5.89　加载倾斜三维模型

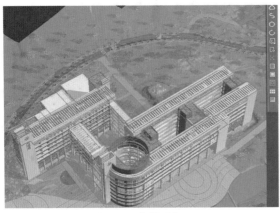

图 5.90　房屋采集一

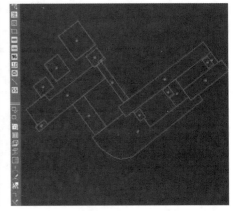

图 5.91　房屋采集二

（1）面面相交绘房：需要在房屋的每个面指定两点，完成后软件会根据每个面的两个点自动计算房屋角点，完成绘房。

操作步骤：①在绘制面板选择房屋类型；②在房屋的每一个面上指定两个点；③采完各个面上的两个点后输入"C"进行闭合；④输入房屋层数和结构。

（2）直角绘房：这种采集房屋的模式，是"以面代点"测量，只需要采集清晰面上的任意一点，软件会自动拟合计算出房屋角点。采集过程中直接采集墙面，不再需要房檐改正，从而省去了房檐改正工作。

操作步骤：①在绘制面板选择房屋类型；②在房屋的第一个面指定两个点，其他房屋面指定一个点；③采集完成后输入"C"进行闭合；④输入房屋层数和结构。

（3）房棱绘房：房棱为界定建筑物形状特征的实体，特征明显，图面辨识度高，以其为基础采集建筑物，可精确还原建筑物形状特征。房棱绘房依次采集房屋房棱，闭合后即可得到建筑物范围，完成采集。

操作步骤：①在绘制面板选择房屋类型；②依次采集房屋的各个房棱；③采集完成后输入"C"进行闭合；④输入房屋层数和结构。

2）采集地形要素

采集三维模型数据中的其他地形要素。点要素，如路灯、电杆等；线要素，如道路、管线等；面要素，如绿地、池塘等。完成整个模型数据的要素采集绘制。

操作步骤：

（1）切换投影。点击菜单选项"投影方式"→选择"俯视投影"，将模型锁定为俯视状态，方便平面要素采集。

（2）在绘制面板选择地物符号。按命令行提示操作：在三维窗口采集地形要素；在二维窗口同步生成图形，见图5.92、图5.93。

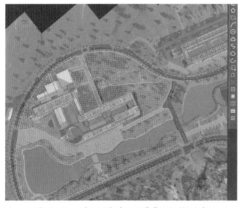

图5.92　在三维窗口采集地形要素

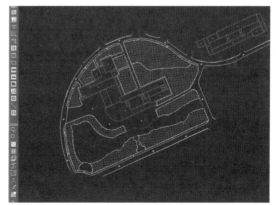

图5.93　在二维窗口同步生成图形

3）采集高程点

SouthMap 提供三种方式采集高程点，即"单点采集""提取线上高程点"和"提取闭合区域高程点"三种方法采集模型数据中的高程点。当三维模型有大量植被覆盖时，常采用"单点采集"方法；当三维模型为植被稀疏或为裸地表时可采用"提取线上高程点"和"提取闭合区域高程点"方法来提高高程点采集效率。采集高程点时，应注意采集特征高程点，高程点应均匀覆盖测量区域。

（1）单点采集操作步骤：在命令行输入 G 命令；在左侧三维窗口单击鼠标左键采集地面高程点，在右侧二维窗口同步生成高程点，见图 5.94、图 5.95。

图 5.94　单点采集一

图 5.95　单点采集二

（2）线上提取高程点操作步骤：点击菜单"线上提取高程点"，选择待提取的线状地物，例如道路、河流边线，设置提取参数，生成节点高程点。

（3）闭合区域内提取高程点操作步骤：在命令行输入 pl，绘制提取闭合区域；点击菜单"闭合区域提取高程点"；选择闭合区域；设置提取参数，提取生成高程点。

4）等高线生成和修剪

根据采集的高程点生成等高线，并对等高线进行注记和修剪处理。当等高线穿越房屋、道路、水域等要素时需要对等高线进行消隐或剪切处理（见图 5.96、图 5.97）。

操作步骤：①根据图上高程点生成三角网；②绘制等高线，并设置等高距，生成等高线；③绘制注记辅助线（此线需从低往高绘制，并与等高线相交），绘制等高线；④等高线批量修剪。

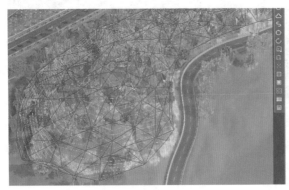
图 5.96　等高线生成一

图 5.97　等高线生成二

3. 图形编辑

三维测图内业采集、外业补测和调绘完成后，将依据作业要求，完成图形编辑。遵循以下原则：

（1）完整性原则：结合作业任务要求，线状地物不得因注记、符号等而间断。面状地物要完整封闭等（见图5.98）。

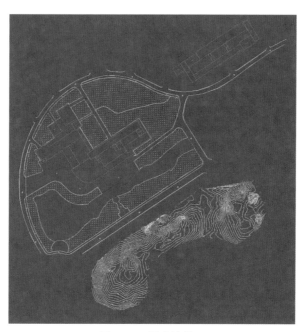

图5.98　图形编辑一

（2）避让原则：等级道路、建筑物（简易房除外）和点状独立地物，应按实际情况采集，原则上不进行避让。兼顾地形图制图的需要，为使地形图图面清晰，在精度允许的范围内，可按照"次要地物避让重要地物的原则"进行避让，见图5.99、图5.100。

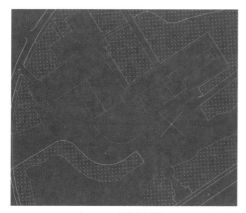

图5.99　图形编辑二

图5.100　图形编辑三

4. 数据检查

完成以上步骤的图形数据，要满足几何精度、图形质量、属性精度、逻辑一致性、完整性的基本要求，输出合格的 DLG 产品。

图形表示应正确并符合现行图式的规定，应满足图形正确、完整、美观，无遗漏、无明显变形的基本要求。属性完整性，属性数据按照作业任务标准要求填写完整，见图 5.101。

图 5.101　数据检查设置

根据图形和属性数据一致性，图形数据和属性数据要一一对应，属性数据和注记数据要一一对应。如检查建筑物结构注记，是否与建筑物属性一致。

数据检查可采用工具软件自动检查和人工检查相结合的方式进行。

第6章　虚拟仿真激光点云测量

LiDAR 系统集激光测距、CCD 相机等为一体，集激光、大气光学、雷达、光机电一体化和电算等技术于一身，几乎涉及物理学的各个领域。激光雷达能够穿透薄的云雾，获取目标信息，其激光点直径较小，且具有多次回波特性，能够穿透树木枝叶间的空隙，得到地面、树枝、树冠等多个高程数据；也能穿透水体，获得海河底层地形，精确探测真实水底地形的信息。具有全天时、全天候、主动、快速、高精度、高密度等特点。

随着激光技术、光电探测技术和信号处理技术的快速发展，激光雷达已经从地面、空中发展到太空，从陆地、海面发展到海洋深处，涉及非常多的交叉学科领域，并且广泛应用于国防军事、工农业生产、医学卫生和科学研究等各个领域，更凭借着测量精度高、响应速度快、抗干扰性强等优点，成为实景三维、智慧城市、智慧电力、智慧农林、无人驾驶、高精度电子地图等国家新型基础测绘领域的重要技术手段。

6.1　虚拟仿真激光点云测量硬件和软件介绍

6.1.1　SAL-1500 移动测量系统

1. SAL-1500 移动测量系统

SAL-1500 多平台移动测量系统（见图 6.1），测程 1500m，扫描速率 200 万点/秒。专业级飞行控制平台智航 SF1650 赋予 SAL-1500 更多功能，通用型接口可实现快速切换挂载，配备的智能锂电池系统使其搭载 SAL-1500 的作业时长高达 50 分钟，能够轻松应对测绘地理信息、交通路网管理、林业调查规划、灾害应急、电力行业等数据采集工作。

图 6.1　SAL-1500 移动测量系统

2. SAL-1500 移动测量系统设备参数

SAL-1500 移动测量系统的设备参数见表 6.1。

表 6.1　　　　　　　　　　　**SAL-1500 移动测量系统的设备参数**

名称	描　述
系统参数	①系统相对精度：20mm； ②防护等级：IP65； ③主机重量：2.6kg； ④主机尺寸：297×160×120mm； ⑤平台兼容性：机载、车载、背包； ⑥控制方式：通过 WLAN 连接，配合 PC/平板进行远程控制； ⑦数据存储：内置 1TB 固态硬盘，外置 SD 卡
六旋翼无人机	型号：SF1650 ①整机重量不超过：21kg(空载含电池)； ②最大载重：6kg； ③对称电机轴距：1.65m(±0.01m)； ④续航时间：1kg 挂载 70 分钟，5kg 挂载 50 分钟； ⑤控制距离：遥控器控制距离 10km(无遮挡无干扰)
三维激光扫描仪	①扫描测程：1.5~1500m； ②测量速率：200 万点/秒； ③扫描速度：400 线/秒； ④多目标探测：无限次回波； ⑤视场范围：360°； ⑥激光波长：1550nm
定姿定位系统	型号：Honeywell HG-4930 ①GNSS 支持 GPS L1/L2、GLONASS L1/L2. Beidou L1/L2； ②数据更新率：100~600Hz； ③角度输入量程：±200°/s； ④加速度计量程：±20g； ⑤后处理姿态精度：航向 0.010°，俯仰/滚动角：0.005°； ⑥后处理位置精度：水平：0.01m，高程：0.02m
影像系统	型号：S42 航测相机 ①传感器类型：ExmorR CMOS； ②传感器尺寸：35.9×24.0mm(全画幅)； ③有效像素：约 4240 万有效像素； ④快门速度：1/8000~30 秒； ⑤主机重量：约 572g

3. SAL-1500 移动测量系统优势

（1）中远距离，精准高效。

测程可达 1500m，测距精度 5mm，性能卓绝，可实现高精度测量。

（2）一体操控，快速作业。

飞机激光一体化控制，参数同步设置，一键起飞，省去复杂的控制流程；折叠式机臂，桨叶免拆卸，可快速布署，用时小于 2 分钟，适用于各种测量任务。

（3）多目标探测，秋毫可辨。

可穿透植被缝隙，直达地面，快速获取真实地表信息，满足大面积植被地形测量需求。

（4）精准定位，把控分毫。

超远通信距离，实现 15km 信号传输，采用 RTK/PPK 双天线融合技术，快速定位，精准定向。

（5）真实色彩，瞬间还原。

搭配通用型 SDK 接口，集成高分辨率彩色相机，快速还原地面真实色彩信息。

6.1.2 SPL-500E 三维激光扫描仪

1. SPL-500E 三维激光扫描仪

SPL-500E 是自主研发的第二代全面国产地面三维激光扫描测量系统（见图 6.2），配套的三维激光点云处理软件 SouthLidar Pro，汇聚了几十年的光、机、电、软件开发技术结晶，以更高效的三维激光扫描系统，在保证高精度的同时，实现多种场景的综合运用。

图 6.2　SPL-500E 三维激光扫描仪

2. SPL-500E 三维激光扫描仪设备参数

SPL-500E 三维激光扫描仪设备参数详见表 6.2。

3. SPL-500E 三维激光扫描系统优势

（1）小巧轻便，随心所欲。SPL-500E 三维激光扫描测量系统是我国自主研发的，外形小巧轻便，让工作变得轻而易举。

表 6.2　　　　　　　　　　　　SPL-500E 三维激光扫描仪设备参数

名称	描　　述
SPL-500E	①扫描范围：1.5~370m； ②测距精度：5mm@100m； ③测量速度：50 万点/秒； ④角精度：0.001°（水平）/0.001°（垂直）； ⑤扫描现场：竖直 300°/水平 360°； ⑥激光等级：1 级激光（安全）； ⑦激光波长：1550nm； ⑧光束发散角：约 0.3mrad； ⑨通信接口：USB3.0； ⑩数据存储：USB3.0 U 盘； ⑪相机：1230 万×2（内置）； ⑫双轴补偿：±10°； ⑬供电方式：电池； ⑭平均功耗：25W； ⑮电池续航：4h； ⑯温度； 工作温度：-20℃~+60℃； 存储温度：-35°C~+70℃； ⑰湿度：无凝结； ⑱防护等级：IP54； ⑲主机重量：不含电池 6.0kg，电池 0.45kg； ⑳尺寸：247×107×202mm

（2）中远距离，精准高效。测程 1500m，测量速度可达 50 万点/秒，测距精度 5mm/100m。

（3）小巧轻便，一手掌握。高度集成化设计，整机重量 6kg，内置双轴补偿，无需整平，到点即测。

（4）真实色彩，瞬间还原。内置上方、侧面双高分辨率相机，像素达 1300 万，快速获取扫描场景色彩信息。

（5）高清屏幕，一触即连。5 寸高清触摸显示屏，可通过 WLAN 远程连接，实现远程作业。

6.1.3　South Lidar Pro 三维激光一体化处理软件

South Lidar Pro 三维激光一体化处理软件（见图 6.3）支持架站式扫描仪数据的去噪、拼接、渲染以及多种点云格式的导入、导出，支持移动测量系统的轨迹解算和点云融合、自主高精度组合导航算法、引导式处理流程、点云一键赋色等多项功能。配合自主研发的硬件产品，让三维激光数据处理变得更加简单高效。

表 6.3   South Lidar Pro 三维激光一体化处理软件

名称	描述
南方三维激光一体化成图软件 SouthLidar Pro	①支持点云分类功能,提供地面点、噪点、建筑物等多种要素的自动分类方法,提供交互式分类工具,可进行框选分类、画刷分类、线上线下分类、剖面间分类等处理; ②支持架站式扫描仪数据的去噪、拼接、渲染以及多种点云格式的导入、导出; ③软件提供点对拼接用于点云与点云的数据校正,同时提供三维点云和平面视图两种配准模式,也支持标靶球自动识别,通过同名点对计算两个数据之间坐标变换矩阵进行数据的坐标校正,实现同名点云之间的快速配准; ④软件提供手动拼接和自动拼接功能,既能通过手动平移、旋转等操作实现两站点云间的拼接,同时也支持多站点云之间的连续自动拼接; ⑤软件提供立面绘制功能。可根据房屋范围线自动生成立面范围线,可锁定立面视图对要素进行采集; ⑥提供多种算量方式:支持通过导入高程点使用三角网法、格网法进行土方计算;支持通过点云构网,对隧道、矿洞等封闭体进行土方计算; ⑦支持高程、强度、类别、真彩色、回波序号、回波次数、航带边缘和边缘增强等多种点云渲染显示方式

图 6.3   South Lidar Pro 三维激光一体化处理软件界面

South Lidar Pro 三维激光一体化处理软件功能包括:

(1)支持点云数据的自动赋色,且提供多种点云渲染方式,包括高程显示、强度显示、类别显示、时间显示、真彩色显示、文件显示、回波序号显示、回波次数显示和 EDL 显示。

(2)软件提供手动拼接和自动拼接功能,既能通过手动平移、旋转等操作实现两站点云间的拼接,同时也支持多站点云之间的连续自动拼接。

（3）软件提供点对拼接用于点云之间的数据校正，同时提供三维点云和平面视图两种配准模式，也支持标靶球识别，通过同名点对计算两个数据之间坐标变换矩阵，进行数据的坐标校正，实现点云之间的快速配准。

（4）软件提供裁剪盒的浏览模式，方便查看点云细节，也支持导出裁剪盒内的点云。

（5）快速完成扫描数据、基站数据、移动站数据以及惯导数据的识别和导入，支持南方云基站数据，自动读取基站坐标、直高和惯导类型，实现多架次数据的快速解算、一键融合。

（6）软件提供画刷选择、时间选择、多边形选择、多边形删除以及航迹还原等多种交互方式来实现航线的快速分割，方便用户去除航线的干扰信息，保留主要航线，利于后续融合。

（7）可对机载激光雷达点云数据的安置误差进行校正处理，配合剖面视图交互，实现检校可视化，支持实时查看误差纠正后的点云效果；在完成安置后，点云如果还存在分层现象，航带平差功能可降低点云误差。

（8）提供地面点分类、按离地高度分类、低于地表分类、空中噪点分类以及建筑物分类等多种自动分类方法，同时支持线上、线下、线中、多边形、画刷分类等手动交互的分类方式，快速实现从原始点云数据到粗分类再到细分类点云的完整业务流程。

6.2　虚拟仿真激光点云地形测图

6.2.1　软件登录

打开软件，输入账号和密码登录。

点击"指南"按钮，查看软件基本按键和符号说明。点击"关于"按钮，查看软件版本号和授权时长。点击"设置"按钮，对软件显示情况进行设置，如图 6.4 所示。

图 6.4　机载三维激光作业虚拟仿真实训软件

进入软件后可在软件两端选择按钮查看对应功能,如图 6.5 所示。

图 6.5　进入软件

6.2.2　基站架设

打开背包,尽量选择平整路面位置打测钉,然后分别安装三脚架、基座、连接器、连接杆、测片、RTK、天线,如图 6.6 所示。

图 6.6　安装三脚架

鼠标放置于脚架中部位置,可调整脚架放置角度进行十字丝与测钉粗对中。

鼠标放置于中心螺旋位置,向下滑动鼠标滚轮,解锁中心螺旋,如图 6.7 所示。

点击键盘"↑""↓""←""→"调整基座位置至对中器的十字丝完成光学对中,然后锁紧中心螺旋。

转动基座螺旋,调整至圆气泡及管气泡居中,点击"查看仪器高"按钮,查看仪器高度(见图 6.8、图 6.9)。

图 6.7 解锁中心螺旋

图 6.8 查看仪器高一

图 6.9 查看仪器高二

6.2.3 测量基站点坐标

长按开机键打开 RTK，按 F1 键切换至手簿界面，如图 6.10 所示。

点击"配置"→"仪器连接",在蓝牙管理器界面点击"扫描",选择扫描到的设备名称,点击"连接",如图 6.11 所示。

首先选择移动站设置,如图 6.12、图 6.13、图 6.14 进行参数设置。

图 6.10 打开手簿

图 6.11 仪器连接

图 6.12 移动站设置

图 6.13　数据链设置

图 6.14　连接设置

连接成功返回初始界面，手簿下方显示固定解，如图 6.15 所示。

图 6.15　固定解显示

工具按钮选择"点测量",点击"平滑",然后保存,如图 6.16 所示。

在保存界面输入点名和测片高后,将数据保存,如图 6.17 所示。

点击"查看"按钮可查看刚刚保存的基站点相关信息。测量完成即可将数据导出,如图 6.18 所示。

基站点坐标采集完成,将 RTK 切换至静态采集模式,如图 6.19 所示。

6.2.4 设备组装

从背包中拿出 SF1650,按照电池、激光、相机、展机臂的顺序进行设备组装,组装完成后双击电池电源键启动无人机,然后选择数据存储路径,如图 6.20 所示。

图 6.16 点测量设置

图 6.17 保存测量点

图 6.18　导出数据

图 6.19　静态采集设置

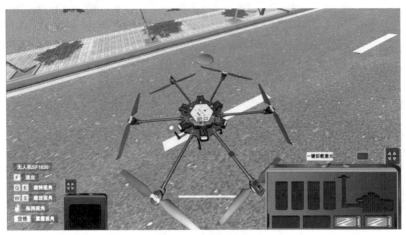

图 6.20　启动无人机

6.2.5 航线规划

从背包选择飞控 SF1650，按"Y"键开机，在飞控界面点击"开始连接"，左下角显示"已连接"证明无人机连接成功，如图 6.21 所示。

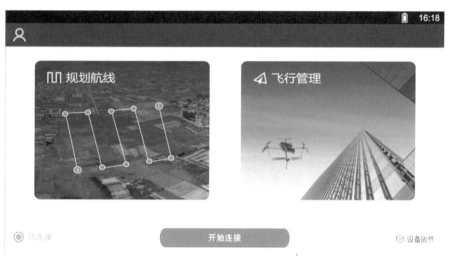

图 6.21　连接无人机

同时按住键盘 G、K 键解锁无人机，机翼启动旋转，证明设备连接正常（见图6.22）。

图 6.22　解锁无人机

选择"航线规划"→"摄影测量"，首先在主界面选定合适的飞行区域，要覆盖整个待测区域，但无需外扩过多。在右侧参数设置窗口选择与设置飞行各项参数，原则是点云成果的点密度与照片重叠度要满足后续成果生产的需要。

设置完成选择"保存航线",然后点击保存并执行(见图6.23)。

图6.23　保存航线

6.2.6　数据采集

首先选择摇杆模式,遥控器共提供三种摇杆模式,根据个人习惯选择即可(见图6.24)。

图6.24　选择摇杆模式

在飞行列表选择上一步中保存的航线,执行飞行任务(见图6.25)。

飞行前弹出各项检查提示,默认点击"确定"即可(见图6.26、图6.27)。

图 6.25　飞行管理

图 6.26　作业前检查一

图 6.27　作业前检查二

飞机飞行期间，可通过界面左下角的飞行视图查看飞机飞行状态（见图 6.28）。

图 6.28　查看飞机飞行状态

6.2.7　数据下载

飞行完成，退出飞控界面，关闭无人机，依次对设备进行收纳。激光相关数据将自动存储在安装激光时选择的文件夹内。

打开手簿，关闭静态采集，选择界面左侧 SD 卡按钮，导出静态数据（见图 6.29、图 6.30）。

图 6.29　静态采集设置

图 6.30　导出数据

6.2.8　数据解算

打开 SouthLidar Pro 软件，选择"移动测量"→点击"一键导入"，在解算设置弹窗中加载激光数据所在文件夹，软件自动读取激光各项数据，选择保存并解算（见图 6.31、图 6.32）。

图 6.31　解算设置弹窗

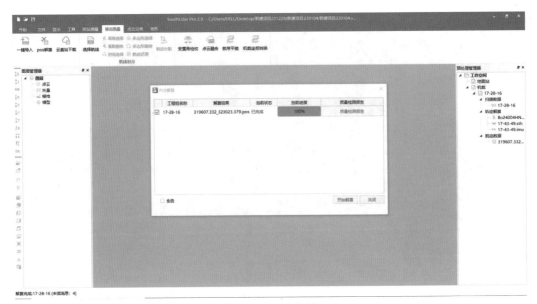

图 6.32　POS 解算

解算完成后点击选择航线，选中上一步解算出的航线数据，点击进入航带划分(见图 6.33)。

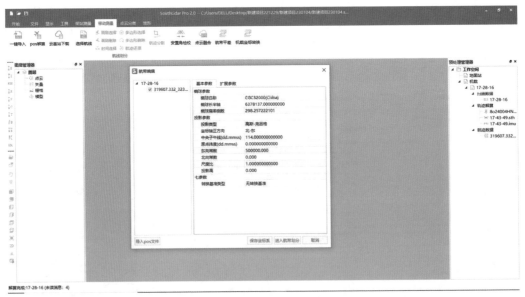

图 6.33　航带编辑

使用画刷选择功能先选出有效的航线数据，然后用画刷删除多余数据，最后选择航迹分割，完成航线划分(见图 6.34)。

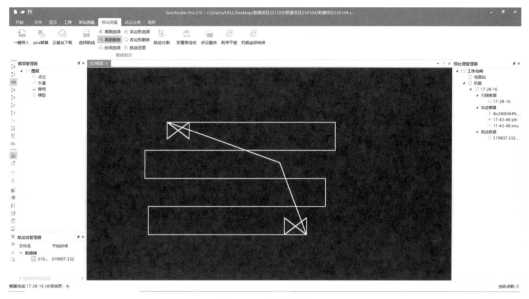

图 6.34 航线划分

点击"点云融合",打开参数设置弹窗,勾选相机赋色,然后点击"确定"(见图 6.35)。

图 6.35 点云融合

融合完成后导入点云数据,可对点云数据进行初步查看。

点云渲染模式主要包括 EDL 显示、高程显示、强度显示、真彩色显示、GPS 时间显示、类别显示、航线边缘显示、回波序号显示、回波次数显示。

（1）EDL 显示：对当前激活视图启用 EDL 特效，增强细节对比度，提升显示效果。该功能常与其他渲染方式配合使用，可有效增强物体的轮廓特征信息，便于查看细节特征。为使 EDL 渲染达到更好的效果，应手动设置视图为透视投影。

（2）高程显示：根据点云数据的高程值，将其映射到指定的颜色区间，方便观测点云数据的高程变化。

点击"选取起始点"，设置起始点的赋色高程，然后设置赋色的宽度以及赋色色带。软件自动将点云数据高程变化范围映射到所选颜色条，同时场景中点云数据按高程显示。

（3）强度显示：将点云数据的强度值映射到均匀变化的颜色区间。

（4）真彩色显示：可用于点云数据的显示，以点云数据本身的 RGB 颜色属性绘制点云数据。

（5）GPS 时间显示：根据 GPS 时间值将时间属性映射到均匀变化的颜色值。

（6）类别显示：可用于点云数据的显示，将点云数据的类别属性映射到不同的颜色值，更直观地区分不同类别的点云数据。

（7）航线边缘显示：可用于点云数据的显示，将点云数据的航线边缘属性映射到不同的颜色值，更直观地区分不同航线边缘的点云数据。

（8）回波序号显示：可用于点云数据的显示，将点云数据的回波数属性映射到不同的颜色值，更直观地区分不同回波数的点云数据。

（9）回波次数显示：将点云的回波次数属性按照不同颜色值显示，便于直观地区分不同回波次数的点云数据。

图 6.36

6.2.9 点云分类

点云融合完成后需对点云数据进行分类，依次进行"自动分类"→"手动分类"→"DEM 输出"。

自动分类时首先将点云按照类别分类，全部分类到"创建点，未分类"层（简称 0 层），然后分类出地面点层，再依据地面点层分出低于地表的点云，即低噪点层。

1. 按类别分类

功能描述：支持将目标点云中已知类别转换成其他类别。

操作步骤：①在点云列表中勾选目标点云；②设置初始类别，选择目标类别；③点击"确定"，将目标点云按设置类别进行分类（见图 6.37）。

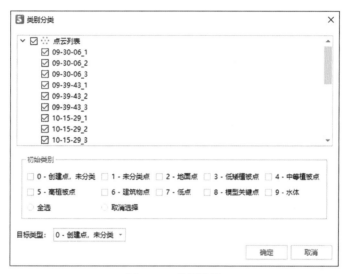

图 6.37　类别分类

2. 地面点分类

功能描述：通过改进的形态滤波方法，建立设置大小的格网，然后通过迭代处理逐层加密。

操作步骤：（1）在点云列表中勾选目标点云。（2）设置初始类别，选择目标类别。（3）设置分类参数：①高程阈值：默认高程阈值为 2m，该值设置越大则分类的地面点越厚；②坡度阈值：阈值区间为 0~90°，即点云所在测区的最大坡度。一般情况下，默认即可；③最大开合半径：默认为 30，地形起伏较大时可适当调小该值。一般情况下，默认即可；④格网尺寸：默认为 1.0m，该值适用于大部分点云，地形起伏较大可适当调小；（4）点击"确定"，将目标点云按分类参数设置进行分类，效果如图 6.38、图 6.39 所示。

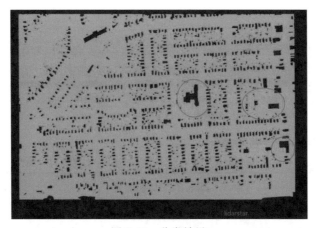

图 6.38   地面点分类

图 6.39   分类效果

3. 低于地表分类

功能描述：低于地表分类是通过将起始类别中低于周围邻近区域高程的点云进行分类。例如，在起始类别为地面点时，利用此方法可以将低于地表一定高差的点云分类成低于地表的点云。

操作步骤：(1)在点云列表中勾选目标点云。(2)设置初始类别，选择目标类别。(3)设置分类参数：①高程容差：此值越大，分类目标类别的点数越少；②均方误差倍数：此值越大，分类目标类别的点数越少；③格网尺寸：默认为 1.0m。(4)点击"确定"，将目标点云按分类参数设置进行分类，效果如图 6.40、图 6.41、图 6.42 所示。

图 6.40 "低于地表分类"对话框

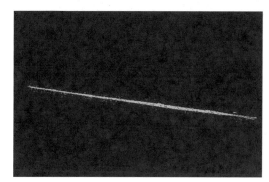

图 6.41 低于地表分类效果一

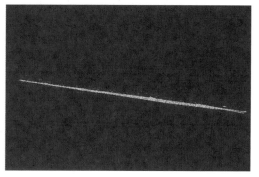

图 6.42 低于地表分类效果二

1)手动分类

因自动分类算法的准确度很难达到百分之百,很多时候需要手动分类才能满足产品要求。软件提供圆形分类、矩形分类、多边形分类、线上分类、线下分类、线中分类、画刷分类、单点分类等手动分类方式,配合剖面工具使用,对选中区域内的点云数据类别进行修改,可实现对点云的进一步精细化分类。

操作说明:(1)点击开启手动分类,进入手动分类模式;(2)选中手动分类方法进行手动交互分类,(可选)点击"撤销",则撤销之前全部手动分类操作;(3)点击"保存",可将手动分类结果保存,直接修改对应的源文件;(4)点击"退出",退出手动分类模式(见图 6.43)。

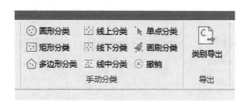

图 6.43　"手动分类"工具栏

2)DEM 生成

功能描述:基于点云或者基于 TIN 模型数据生成 DEM 文件,DEM 只包含地形的高程信息,基于分类完成的地面点类别进行生成,并未包含其他地表信息。

操作步骤:(1)在点云列表中勾选目标点云或者选择目标 TIN 模型数据;(2)设置分辨率参数(XSize、YSize);设置高程值属性的取值规则;(3)勾选是否合并输出;(4)设置输出路径;(5)点击"确定",输出 DEM 数据。

界面弹出提示"是否加载到面板",点击"是",将生成的 DEM 格式导入图层面板的栅格图层中,显示效果如图 6.44 所示。

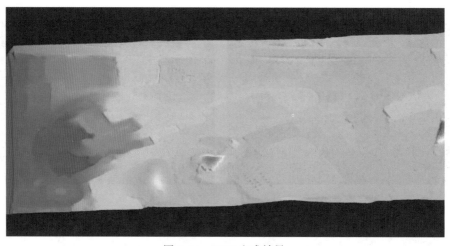

图 6.44　DEM 生成效果

6.2.10　点云绘图

点击"地形"→选择"点云测图",调出软件的测图模块,在弹出的窗口中选择"三维测图",选择 las 格式点云(见图 6.45)。

加载 las 点云数据:软件先将 las 格式点云转换成 slas 格式,再显示在场景中,只有第一次打开点云时需进行转换,再次打开时直接读取 slas,瞬间加载。

设置点云大小:调整点云大小级别,默认像素大小是 1 pt(见图 6.46)。

点击"点云处理"→"设置点大小",在命令行输入像素大小(见图 6.47)。

图 6.45 选择"三维测图"

图 6.46 设置点云大小

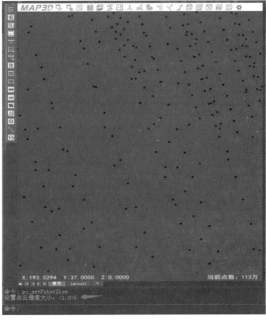

图 6.47 输入像素大小

1）普通地物要素绘制

加载点云数据后同时按住键盘 Ctrl+Shift+Q 键，将点云锁定至俯视图模式。以道路绘制为例，在三维窗口将点云数据缩放至可以看清道路边缘的合适大小，在编码栏搜索道路对应的名称，双击编码属性，即选中该属性，在点云窗口沿道路边缘绘制即可（见图 6.48、图 6.49）。

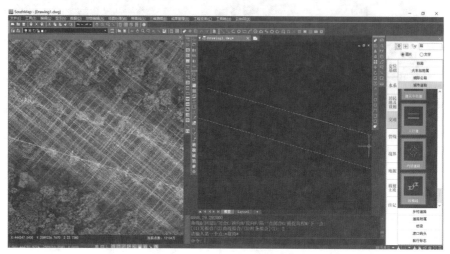

图 6.48　普通地物要素绘制一

图 6.49　普通地物要素绘制二

2）房屋绘制

房屋可采取普通平面绘制和水平切片模式相结合的方式进行绘制，对于在三维视图可直观地看到建筑层数和边缘结构的房屋，可直接采用平面绘制。对于部分边缘被遮挡的建筑，设置到水平切片模式进行绘制。点击"三维测图"→选择"点云处理"→选择"水平切片"，以房屋贴近地面位置的高度作为切片截面高度并显示截面。

选择房屋符号，根据命令栏提示，选择面面相交绘制模式或直角绘制模式，沿着建筑主体轮廓采集房屋(见图 6.50)。

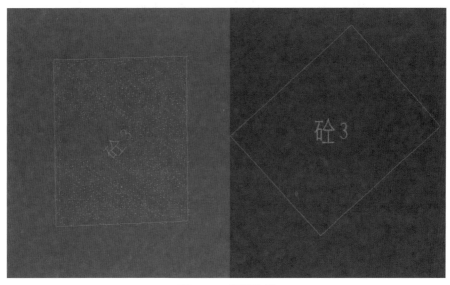

图 6.50　房屋绘制

3)高程点采集

点击功能栏中提取高程点，选择范围线或者绘制范围线(按回车键默认提取所有高程点)，弹出 DEM 重采样面板。点击"浏览文件"按钮，打开 tif 文件，输入旋转角度、单元格宽度和单元格高度后，勾选"是否展高程点"，再选择高程点的保存路径，点击"确定"按钮，如图 6.51 所示。完成提取高程点并生成 dat 文本文件。

DEM重采样	×
参数设置	
DEM路径：	浏览
旋转角度（顺时针）： 45 度	
单元格宽度： 10 米	
单元格高度： 10 米	
☑是否展高程点	
保存路径：	浏览
确定 取消	

图 6.51　高程点采样

完成提取高程点，提取结果样例如图 6.52 所示。

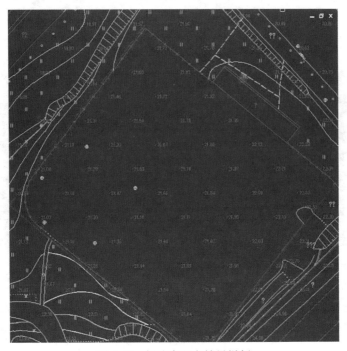

图 6.52　提取高程点结果样例

4）等高线采集

（1）基于高程点绘制等高线。

参考提取高程点，获得均匀的地面高程点，基于高程点构建三角网。

点击等高线菜单，选择"建立三角网"。

选择"由图面高程点生成"，生成三角网（见图 6.53）。

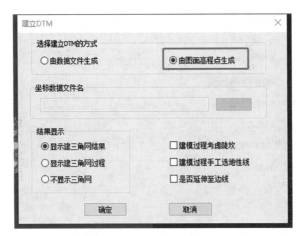

图 6.53　"建立 DTM"对话框

之后点击"等高线"菜单，选择"绘制等高线"功能，生成等高线(见图 6.54、图 6.55)。

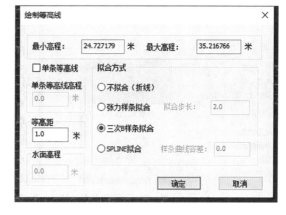

图 6.54　"等高线"菜单　　　　　图 6.55　"绘制等高线"对话框

生成的等高线效果如图 6.56 所示。

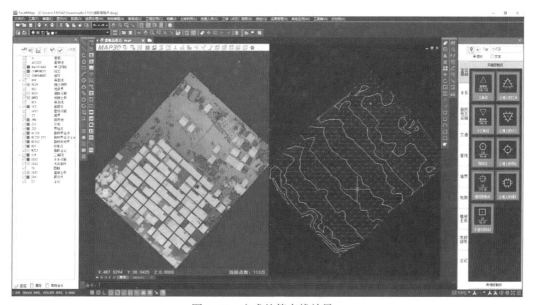

图 6.56　生成的等高线效果一

(2)基于数字高程模型自动生成等高线。

点击"点云处理"→选择"生成等高线",弹出打开 DEM 文件窗口(见图 6.57)。

选择数字高程模型 tif 格式文件,弹出拟合方式等参数设置窗口。根据实际情况,设置拟合方式、等高距、等高线长度阈值(见图 6.58)。

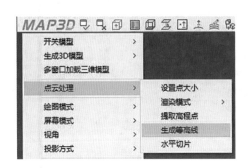

图 6.57 DEM 文件窗口

图 6.58 拟合方式等参数设置窗口

生成等高线效果如图 6.59 所示。

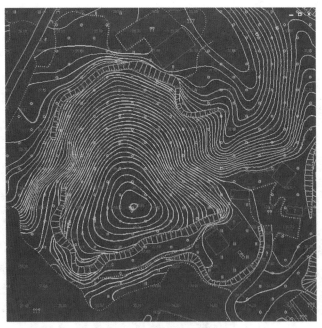

图 6.59 生成的等高线效果二

（3）等高线注记。

点击菜单"等高线"→选择"等高线注记"，批量或者单个注记等高线高程。

（4）修剪等高线。

点击菜单"等高线"→选择"等高线修剪"→选择"批量修剪等高线"，在如图 6.60 所示对话框中设置修剪方式和修剪地物，完成全图自动修剪。

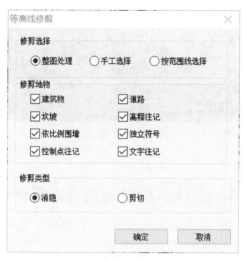

图 6.60 "等高线修剪"对话框

5）编辑整饰

（1）地物编辑。

平面图绘制完成，对图形要素进行编辑。点击菜单"地物编辑"，选择"线形换向""复合线处理"等选项卡进行相关编辑。

（2）图廓设置。

点击菜单"文件"→"参数设置"，选择"图廓属性"选项卡，设置图廓注记内容和图廓要素。

6.2.11 质检输出

检查所绘制的地形图，输出地形图成果。

1）数据质检

点击菜单"质检"按钮，加载检查方案，根据需要完成编图质检。

2）分幅输出

点击菜单"绘图处理"→选择"标准图幅"，设置图幅参数，输出标准图幅数据。

点云与地形图叠加最终显示效果如图 6.61 所示。

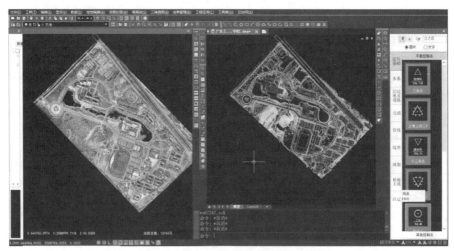

图 6.61　点云与地形图叠加最终显示效果

6.3　虚拟仿真激光点云方量计算

6.3.1　DEM 提取高程点

点击"点云测图"按钮，打开点云测图模块，在三维测图菜单下选择"加载三维模型"，加载需要进行算量的 DEM 数据。

加载完成后在三维测图菜单下选择 DEM 高程渲染，可在 DEM 上指定高程起始位置进行高程赋色，赋色完成后显示效果如图 6.62 所示。

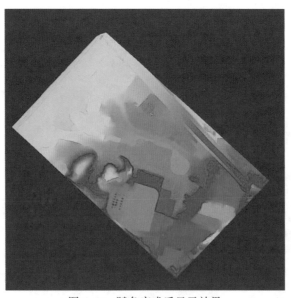

图 6.62　赋色完成后显示效果

输入 PL 绘制闭合线段，或者导入已绘制好的闭合线段作为提取高程点的范围线。在三维测图菜单下选择"点云处理"→"提取高程点"，选中已绘制好的范围线或者重新绘制范围线。软件弹出"DEM 重采样"对话框，进行如下参数设置（见图 6.63），然后点击"确定"按钮。

图 6.63 "DEM 重采样"窗口

高程点提取效果如图 6.64 所示。

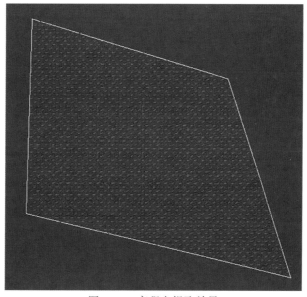

图 6.64 高程点提取效果

6.3.2 方量计算

工程应用菜单下选择"方格网法土方计算"，根据命令栏提示，选中已加载好的范围线，软件弹出如图 6.65 所示参数设置对话框。

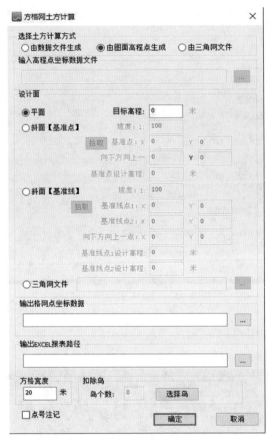

图 6.65　"方格网土方计算"窗口

部分参数含义如下：

（1）斜面（基准点）。设计面选择斜面基准点，输入坡度，也就是场地的设计纵坡，拾取基准点，也就是坡度开始的地方。它和向下方向上一点的坐标连线就是刷坡的方向。

①坡度：施工后，达到什么样的坡度（场地的设计纵坡）。

②基准点：根据实际地形坡度变化方向，拾取一个坡度变化起始点（坡度开始的地方）。

③指定斜坡设计面向下的方向：实际地形坡度的变化方向。

④基准点设计高程：基准点的设计高。

（2）斜面（基准线）。可以定义两种不同的刷坡方向和坡度。

①设计面选择斜面基准线，拾取基准点 1 和基准点 2，它们的坡度是软件根据填入的两个基准线点的设计高程及它们之间的距离来确定的。

②将弹窗所示参数按照竞赛要求设置完成，点击"确定"，软件自动输出土方计算结果。

6.4 虚拟仿真激光点云断面提取

6.4.1 绘制中线

首先在点云测图模块加载需进行断面提取位置的点云数据，在命令栏输入 PL，沿道路中间位置绘制道路中线，或导入给定的中线数据。

点击"工程应用"菜单→选择"生成里程文件"→"由纵断面线生成"→"新建"，根据命令栏提示，选择已绘制好的或导入的中线数据作为纵断面线。

根据实际作业要求设置里程文件参数，如图 6.66 所示。

设置完成，样例如图 6.67 所示。

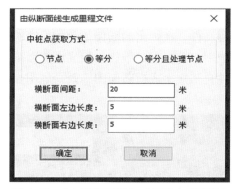

图 6.66 "由纵断面线生成里程文件"窗口

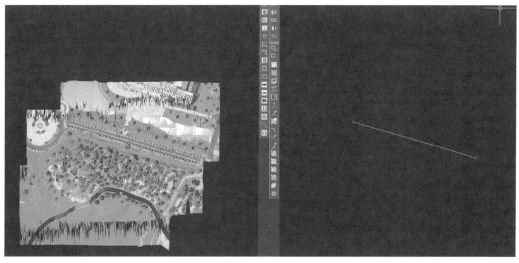

图 6.67 样例

153

6.4.2　生成横断面

点击"三维测图"菜单栏→选择"点云处理"→"点云断面",弹窗为断面提取时采样间距及裁剪厚度,裁剪厚度默认即可,采样间距按照实际作业要求进行设置。

6.4.3　提取横断面

参数设置完成后开始对横断面进行提取,在点云断面弹窗中选择"加点",然后将鼠标移至断面视口,在采样间隔线与点云相交位置单击"取点",即提取出正确高程点,若提取有误可选择删点"按钮"进行删除,提取完成点击"保存",然后点击"跳转"按钮跳转至下一条断面(见图6.68)。依次重复上述提取操作。

6.4.4　绘制断面图

所有断面提取完成,选择"工程应用"菜单→点击"绘断面图"→"根据里程文件",选择上一步骤中保存的里程文件,在弹出的断面图参数设置对话框中,按实际要求依次对参数进行设置。设置完成后,首先在二维窗口生成纵断面图,然后按照命令栏提示选择横断面图生成位置,软件再依次生成横断面图,效果如图6.69所示。

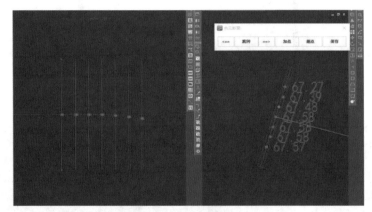

图 6.68　提取横断面

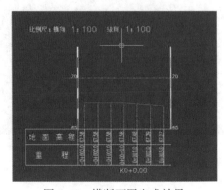

图 6.69　横断面图生成效果

6.5 虚拟仿真激光点云电力巡检

6.5.1 新建工作空间

加载点云,选择 PowerLine 模块的 Parameter Settings 功能,进行工程参数设置,主要包含如图 6.70 所示的参数。

图 6.70 "参数设置"对话框

参数一般如下:

①工程名称:×××;

②时间:20××××××;

③作业人员:×××;

④场景描述:××地址;

⑤检测线路电压:××V;

⑥工作目录:数据保存路径;

⑦导入危险点检测规则:xml or txt(可查看可编辑)。

6.5.2 电塔标记

选择 PowerLine 模块的 Mask Tower 功能进行杆塔标记。

通过鼠标交互选定杆塔位置,选择杆塔类型,保存为 txt 或者其他格式文件。添加塔的位置之后,软件将自动生成默认的 Index 和 Name 信息,Index 是根据起始值递增得到的,Name 默认和 Index 一致,杆塔类型 Type 包括"无类型""耐张塔"和"直线塔"三种。双击每个杆塔记录所在的行,能够跳转到对应杆塔所在位置。通过"显示所有杆塔点"前面的复选框选择显示/隐藏杆塔点,点大小可调(见图 6.71)。

图 6.71　标记杆塔

6.5.3　裁剪分类

选择 PowerLine 模块的 Classify 功能进行点云分类。

根据杆塔文件对点云进行切档和分类,将点云分为杆塔、电力线、地面点和噪点等类别(见图 6.72):

(1)先进行地面点、塔线、噪点的分类,设置相关参数。

(2)设置分档裁剪相关参数(通道宽度、缓冲、起始塔号、结束塔号)。

图 6.72　"分类"设置窗口

6.5.4 危险点检测

选择 PowerLine 模块的 Danger Point Detection 功能进行危险点检测(见图 6.73)。根据杆塔文件对点云进行流程化处理,生成危险点图像和报告。

(1)根据前面安全距离规则进行危险检测。

(2)得到危险点列表,放在右侧或下侧面板显示。

(3)列表:序号-所属塔-净空距离-水平距离-直线距离。

(4)选中对应行,视图中红色高亮显示危险点区域。

(5)点击"导出"自动生成巡线检查点报告(包括截图、危险点情况)。

图 6.73 "危险点检测"对话框

6.6 虚拟仿真激光点云立面绘制

6.6.1 软件登录

打开软件,输入账号和密码登录软件。进入软件后可在软件两端选择按钮查看对应的功能。

6.6.2 设备安装

点击键盘"Tab"打开背包,安装碳纤脚架及 SPL-500E(见图 6.74)。

安装完成后转至电池仓,打开电池仓插入电池及 U 盘,关闭电池仓(见图 6.75)。

图 6.74　打开背包

图 6.75　插入电池

6.6.3　数据采集

长按开机键开机(见图 6.76)。

图 6.76　长按开机键

转到"系统设置"→"工程列表"新建工程，输入"工程名称""文件名前缀""首编码"（见图6.77）。

图 6.77　系统设置

转到"系统设置"→"应用场景"，新建应用场景（见图6.78、图6.79）。

图 6.78　新建工程　　　　　　　　图 6.79　新建场景

转到"参数设置"选择新建的应用场景，先打开倾角采集，再打开内置相机（可不开）。

点击"开始扫描"。（见图6.80、图6.81）

图 6.80　参数设置　　　　　　　　　图 6.81　扫描

6.6.4　数据拷贝

扫描完成后转到"文件预览"，长按鼠标左键导出数据"复制到 U 盘"，将数据放置到文件夹中(见图 6.82、图 6.83)。

图 6.82　复制到 U 盘　　　　　　　　图 6.83　完成复制

6.6.5　数据预处理

打开 SouthLidar Pro→"新建项目"。导入数据，将上一步骤中复制的数据拖入 SouthLidar Pro 中(见图 6.84)。

依次进行数据自动拼接和数据裁剪导出(见图 6.85、图 6.86)。

图 6.84　数据转换

图 6.85　自动拼接

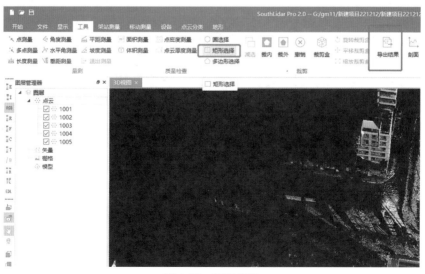

图 6.86　矩形选择

6.6.6　立面绘制

打开点云测图模块，选择"三维测图"→"加载三维模型"，绘制房屋平面图(见图6.87)。

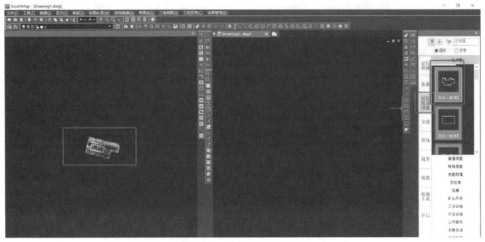

图 6.87　绘制房屋平面图

选择"立面范围线绘制"按钮，沿建筑物外部轮廓绘制立面范围线(见图6.88)。

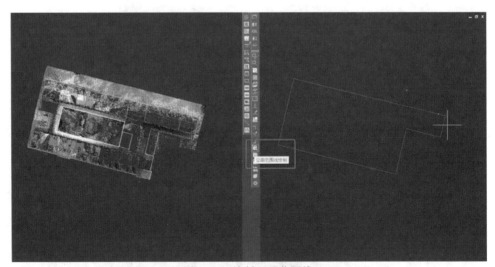

图 6.88　绘制立面范围线

根据上述步骤，软件自动生成立面图框(见图6.89)。

选择"立面采集模式"开启按钮，开始进行立面采集(见图6.90)。

选择"立面采集线绘制"按钮，在立面窗口，沿建筑立面轮廓，依次绘制。绘制完成后，点击图形存盘对数据进行保存即可(见图6.91)。

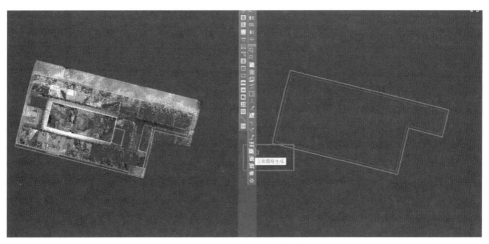

图 6.89 立面图框生成

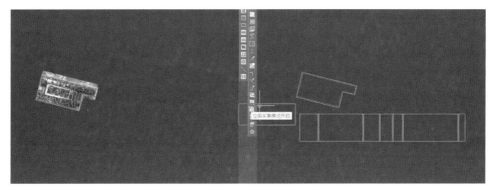

图 6.90 立面采集模式开启

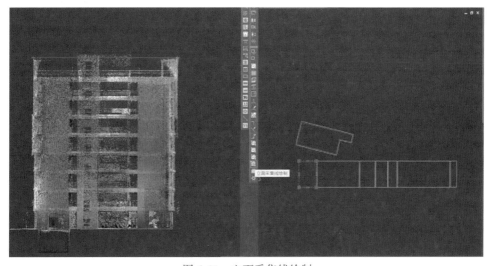

图 6.91 立面采集线绘制

第7章 虚拟仿真地图制图

7.1 地图制图概述

7.1.1 基于倾斜摄影测量的立体测图

随着无人机技术、倾斜摄影技术及三维实景建模技术的发展，利用倾斜模型进行的裸眼三维测图以其更高的采集精度、更低的学习成本等优势，逐渐取代需佩戴立体眼镜的传统三维测图模式，成为行业主流的立体测图技术。

倾斜三维测图基于倾斜摄影技术、实景三维模型技术对地形、地貌数据进行采集，是利用实景三维模型进行的"裸眼"测图。用低空无人机搭载多方向镜头进行倾斜摄影测量，可全方位获取建筑物纹理信息，再通过三维建模精确还原建筑物形状。在内业测图中，无需佩戴立体眼镜，裸眼可清晰地看到建筑群体的分布状况、房屋结构、层数；通过旋转，可以全方位地观察到建筑物的每一个细节，真实全面；可直接在实景三维模型上勾绘建筑物图斑，测量和记录其属性数值，大量的外业工作在内业实景三维模型上即可完成，高效便捷。

倾斜三维测图是革命性的测绘技术，可以满足 1∶500～1∶2000 地形测绘、不动产测量界址点 5cm 的高精度要求，能够减少 80% 以上外业工作量，大幅降低生产成本，提高成图效率和成图质量。

7.1.2 引用标准规范

《1∶500 1∶1000 1∶2000 地形图航空摄影测量内业规范》（GB/T 7930—2008）；

《1∶500 1∶1000 1∶2000 地形图航空摄影测量外业规范》（GB/T 7931—2008）；

《国家基本比例尺地图图式第 1 部分 1∶500 1∶1000 1∶2000 地形图图式》（GB/T 20257.1—2017）；

《基础地理信息要素分类与代码》（GB/T 13923—2006）；

《基础地理信息要素数据字典 第 1 部分：1∶500 1∶1000 1∶2000 基础地理信息要素数据字典》（GB/T 20257.1—2019）；

《地名汉语拼音拼写规则》；

《测绘成果质量检查与验收》（GB/T 24356—2009）；

《数字测绘成果质量检查与验收》（GB/T 18316—2008）；

《全球定位系统（GPS）测量规范》（GB/T 18314—2009）；

《工程测量标准》（GB 50026—2020）。

7.2 SmartGIS Survey 基础地理信息数据生产平台

SmartGIS Survey 虚拟仿真版软件是由我国自主研发的，其基于强大的自主 GIS 内核，适用于新形势、新生态下的大比例尺地形图制图，基础地理信息数据生产建库，空间数据图属分析，空间数据转换，空间数据分发等业务。

软件平台特点如下：

(1)多源数据高效渲染加载，GIS 渲染模式下可实现千万量级数据的秒级加载，实时无卡顿漫游。

(2)图-属-库一体化内业生产，支持二维、三维一体化采编，覆盖大比例尺地形图数据的全部生产流程。

(3)采用图库一体化符号技术，共用一份数据实现制图和建库表达(见图 7.1)，效率更高。

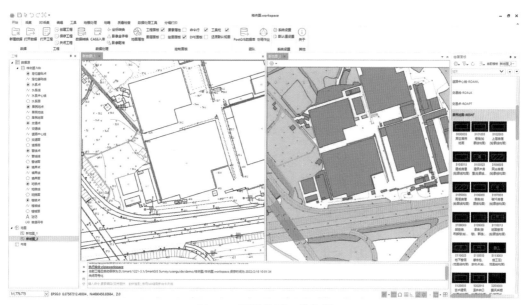

图 7.1　图库共用一份数据

(4)方案式数据检查，内置完备检查规则，检查结果关联地图。

7.3 地图制图赛项操作流程

本节将详细介绍地图制图赛项操作的步骤，赛项总体流程如图 7.2 所示。

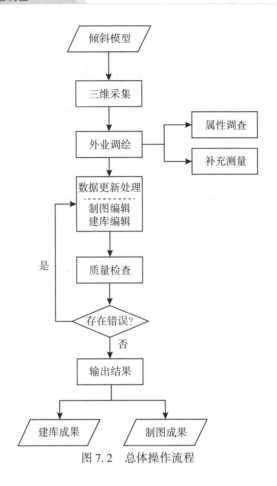

图 7.2　总体操作流程

7.3.1　基于倾斜摄影测量的立体测图

使用倾斜三维采集技术对 DLG 数据线划图进行采集。

1. 添加原始数据

将比赛提供的倾斜模型和采集范围原始数据，添加到实操考核软件的空白地图场景中，以此进行后续采集等工作。

1) 登录实操考核软件

通过考试平台直接启动并进入实操考核软件，或启动软件后输入准考证号及密码，点击"登录"进入软件操作界面(见图 7.3)。

2) 创建软件工程

进入软件后，点击"开始"菜单栏的"创建工程"，建立作业模板及空白地图场景，如图 7.4 所示。

3) 添加倾斜模型数据

点击"打开数据"功能，指定模型数据对应的索引文件(. osgb、. xml)所在路径，点击"打开"按钮将其加载到软件，在工程面板选中刚刚打开的模型，点击鼠标右键选择"添加到当前场景"(见图 7.5)，将模型添加到地图场景中，如图 7.6 所示。

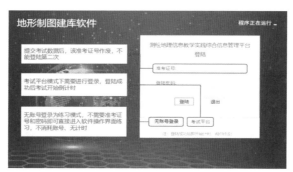

图 7.3　账号密码登录

图 7.4　创建工程

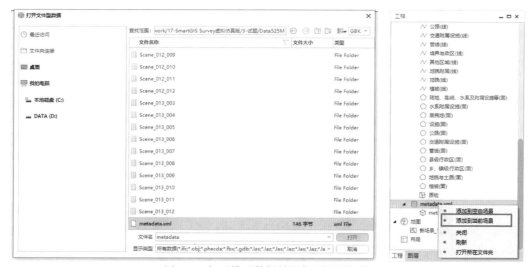

图 7.5　打开模型数据并添加到地图场景

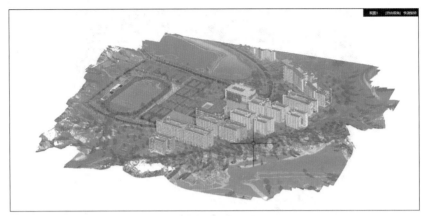

图 7.6　倾斜模型添加到地图场景后

4) 导入采集范围数据

在工程面板选中工程数据源，点击鼠标右键，在弹出的菜单列表中选择"导入数据集"，在设置窗口"源数据"一栏指定采集范围数据(.fdb)的所在路径，点击"确定"将其导入软件地图场景(见图 7.7)。采集范围导入后效果如图 7.8 所示。

图 7.7　导入采集范围数据

图 7.8　采集范围导入后效果

2. 地形要素采集

矢量地形数据(DLG 数字线划图)的采集绘制工作具体步骤如下:

1)地形要素分类编码

矢量地形数据以点、线、面、注记类型的要素为单位,根据不同的地形要素类别,划分为不同图层,采用不同的编码进行表达。

①可从软件图层面板搜索或点击查看图层及要素编码,双击图层下的分类要素编码即可绘制,如图 7.9 所示。

图 7.9 图层面板

②可在软件绘图面板中搜索或直接找到相应要素,然后单击该要素编码进行绘制,如图 7.10 所示。

2)点状要素采集

选择相应要素编码后,根据实际要素的中心位置和方向(若要素为有向点),点击完成点状要素的采集(见图 7.11、图 7.12)。

3)线状要素采集

选择相应要素编码后,沿要素的中心线和朝向右侧方向(若要素为有向线)指定线段折点位置,点击鼠标右键完成线状要素的采集(见图 7.13)。

图 7.10　绘图面板

图 7.11　点状要素采集(路灯)

图 7.12　点状要素采集(检修井)

图 7.13　线状要素采集(栅栏)

4)面状要素采集

选择相应要素编码后,沿要素的外围轮廓线或范围线进行绘制,点击鼠标右键完成面状要素的绘制(见图 7.14)。如遇有岛面要素,则可使用软件内置的"扣岛"或"面分割"功能,对岛面进行扣除或分割。

图 7.14　面状要素采集(露天体育场)

5)常见地形要素采集

(1)房屋采集:

根据房屋实际结构和形状,可选择"3D 采集"菜单下的"直线绘房"或"直角绘房"选项,利用两点确定一条直线的基本原理,采集房屋墙面上的点来完成房屋面绘制。

①直线绘房:每一面墙采集两个点,点击鼠标右键完成绘制,适合任意几何形状的

房屋绘制。

②直角绘房：需在第一面墙采集两个点，此后墙面采集一个点，点击鼠标右键完成绘制，适合墙角均为直角的房屋快速绘制(见图 7.15)。

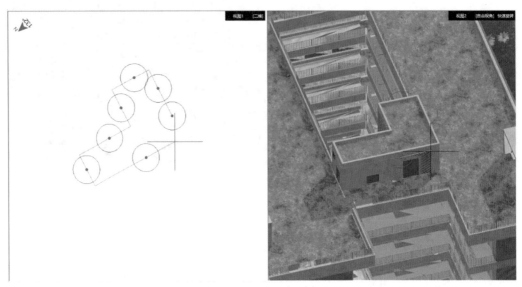

图 7.15　直角绘房

此外，可由上至下地绘制房屋面(见图 7.16)，利用"扣岛"功能扣除房屋面内空白区域(见图 7.17)。

一幢房屋的最后绘制效果如图 7.18 所示。

图 7.16　由上至下地绘制房屋面

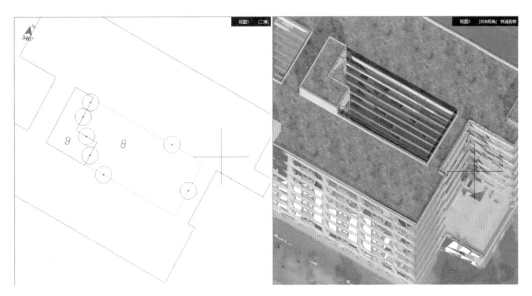

图 7.17 利用"扣岛"功能扣除房屋面内空白区域

图 7.18 一幢房屋的绘制效果

(2)道路采集:

在绘图面板中选择相应的要素编码后,沿道路轮廓或中心位置进行绘制。双线道路的采集可使用"绘图"菜单下的"平行线"选项卡,在指定宽度后直接双线绘制,也可在一侧道路边线绘制完成后,使用"偏移拷贝"功能,快速完成另一侧边线的绘制(见图7.19)。

173

图 7.19　内部道路绘制

（3）高程点采集：

根据倾斜模型中的不同场景，可通过手动点选、线上提取、DSM 面内提取等方式完成对高程点的采集。

①手动点选高程点。在绘图面板中选择相应的高程点要素编码后，手动点击指定倾斜模型中的高程点位置完成采集。适用于建筑物较多的居民区或交通水系网较为复杂的区域，需要人工判断采集高程点（见图 7.20）。

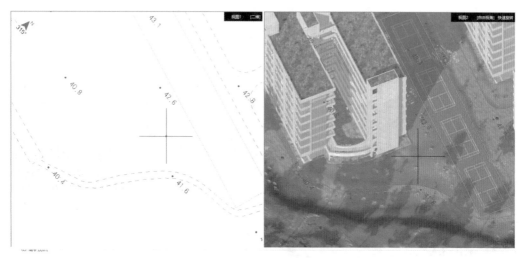

图 7.20　手动点选采集高程点

②从线上提取高程点。选择"3D 采集"菜单下的"线上提取高程点"选项卡，通过选择或绘制线要素，并设置高程间隔后，能够在线上指定位置自动完成高程点的提取生成（见图 7.21）。

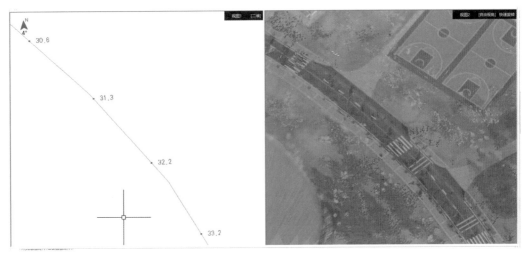

图 7.21 线上提取高程点

③模型上提取高程点。选择"3D 采集"菜单下的"DSM 面内提取高程点"选项卡，在倾斜模型中选择或绘制一个范围，并在指定高程间隔后，能够自动完成该范围区域的高程点提取生成(见图 7.22)。此功能适用于地形地貌区域的高程点批量采集。

图 7.22 DSM 面内提取高程点前后

(4)等高线采集：

根据已采集完成的高程点构建三角网，以此提取生成等高线，下面以图 7.22 中的高程点为例来说明。

①构建三角网。点击"构建三角网"选项卡，按实际情况设置参数后，点击"确定"，完成三角网构建(见图 7.23)。

图 7.23　构建三角网

②生成等高线。三角网构建完成后，点击"绘制等值线"选项卡，根据等高线的考核要求，对高程过滤条件、等值线间距、拟合方式等参数进行设置，再点击"确定"，软件自动生成等高线(见图 7.24)。点击"删除三角网"功能可删除三角网。

图 7.24　生成等高线

(5)斜坡面采集：

在绘图面板选择相应的编码要素后，按顺时针方向，从斜坡顶部起始位置顺序进行采集，点击鼠标右键完成绘制(见图 7.25)。若要素几何的首个节点位置不在坡顶起始位置，可能会导致符号效果与实际不符，此时可利用"移动首节点"功能，手动重新指定首节点为坡顶起始位置进行修改。

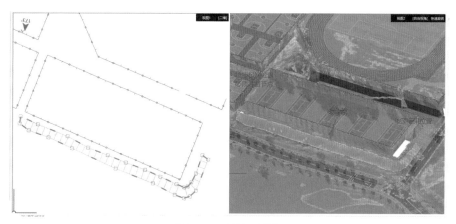

图 7.25　斜坡面采集

7.3.2　调绘与修补测

打开调绘与修补测外业软件，进入配套的虚拟仿真场景，参赛选手根据倾斜模型数据的地形要素采集情况，对遮挡地物坐标或已变更地物坐标进行补充测量，并进行要素属性信息调查，最终将调查信息与补测坐标更新到采集完成的矢量地形数据中。

1. 要素补充测量

1）遮挡地物坐标补测

当倾斜三维模型中的地物，如房屋角点被明显遮盖或模型严重拉花，导致无法从倾斜模型获取准确坐标时，则需要在虚拟仿真的野外场景中对这些地物进行补充测量。

（1）进入虚拟仿真场景：

启动调绘与修补测软件，在主界面中点击"开始"按钮，进入虚拟仿真场景（见图7.26）。

图 7.26　虚拟仿真野外场景

（2）架设 RTK 移动站：

在虚拟仿真场景中架设使用 RTK 移动站（见图 7.27），具体架设操作本章节不再赘述。

图 7.27　RTK 移动站架设

（3）快速定位补测位置：

利用软件"虚拟场景定位"功能，指定倾斜模型中补测的地物位置，快速传送定位到虚拟仿真场景的对应位置（见图 7.28）。

倾斜三维模型场景　　　　　　　　　　　虚拟仿真场景

图 7.28　虚拟场景快速定位

（4）地物坐标补测与更新：

将架设好的 RKT 移动站放置到虚拟场景补测位置处进行点坐标测量（见图 7.29），

测量完成后将自动在实操软件中生成测量点(见图 7.30),然后即可根据测量点位置完成该房屋要素的坐标更新。

图 7.29　RTK 移动站测量点坐标

图 7.30　软件自动生成测量点

2)变更地物坐标测量

(1)查找已变更地物:

在虚拟仿真场景中调查是否存在与倾斜三维模型不同的变更地物,当存在新增地物时,例如多了一间简单房屋,则需对该房屋要素进行补充测量。

(2)快速绘制补测地物:

开启实操软件中的"虚拟仿真绘制"功能,并在指定要素编码后,回到虚拟仿真软件场景,可直接通过 RTK、全站仪等仪器测量点坐标的方式同步完成地物要素的绘制。

2. 属性信息调查

当要素属性无法通过倾斜三维模型判断获取时，则需要进入虚拟仿真场景进行属性信息调查，如道路编号名称、水系名称、独立地物名称等(见图 7.31)。在属性调查完成后，可将属性信息更新到对应的要素属性字段中，或选中相应的注记编码进行注记标绘(见图 7.32)。

图 7.31　道路名称调查

图 7.32　内部路注记标绘

7.3.3　地图制图与入库

1. 建库处理

1) 要素构面

要素边线采集完成后，根据建库规范要求，需对双线道路、植被面等进行构面处理。选中构面要素编号后，使用"内部一点构面""多线构面"功能可快速完成道路、植被要素的构面(见图7.33、图7.34)。

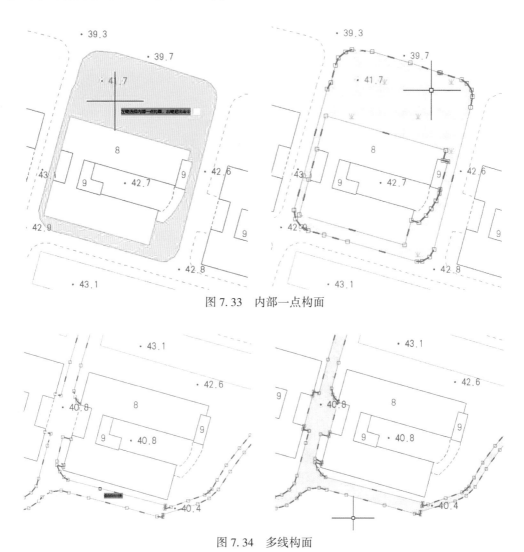

图7.33 内部一点构面

图7.34 多线构面

2)水系道路中心线生成

根据建库规范要求，双线水系与双线道路需要生成中心线。选中要素面后，点击"面中心线提取"功能，从而实现其中心线快速提取(见图7.35)。

2. 制图调整

1)符号编辑调整

(1)特殊台阶、楼梯符号调整：

①带挡墙台阶。选中要素后，点击"楼梯精修"功能，在弹出的窗口中设置左、右挡墙宽度，能自动生成挡墙效果(见图7.36)。

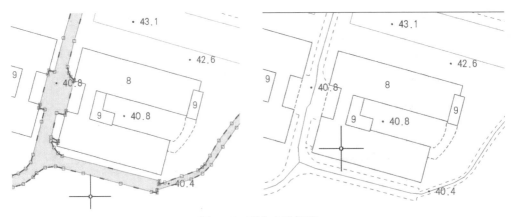

图 7.35 面中心线提取

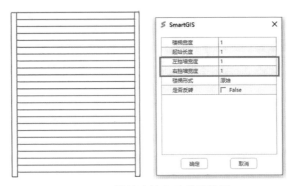

图 7.36 带挡墙的台阶符号设置

②U 形台阶。选中要素后，点击"楼梯精修"功能，在弹出的窗口中设置楼梯样式为"内插"，然后在左右两边的节点处设置"拐点"，如图 7.37 所示。

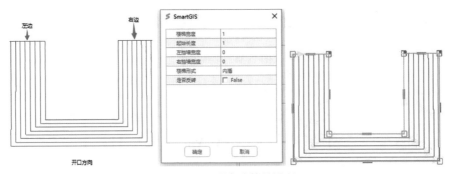

图 7.37 U 形台阶符号设置

（2）特殊斜坡符号调整：

①垂直齿线斜坡。选中斜坡要素后，点击"斜坡精修"功能，将分割类型设置为"垂直"，如图 7.38 所示。

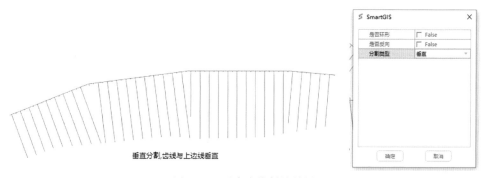

图 7.38　垂直齿线斜坡效果

②等分齿线斜坡。斜坡齿线按照上下边线平分分布面内角小于一定程度时，斜坡齿线不可交叉或相交(见图 7.39)。

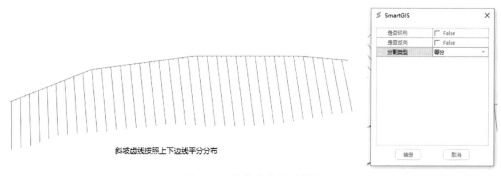

图 7.39　等分齿线斜坡效果

③环形斜坡。选中斜坡面要素后，点击"斜坡精修"功能，然后勾选"环形"斜坡选项，反向选项能够控制是否将坡顶线与坡底线调转(见图 7.40、图 7.41)。

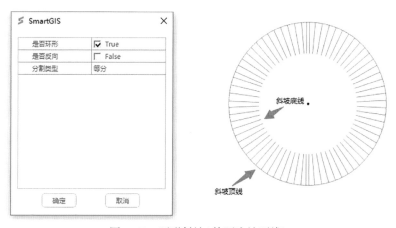

图 7.40　环形斜坡(外环为坡顶线)

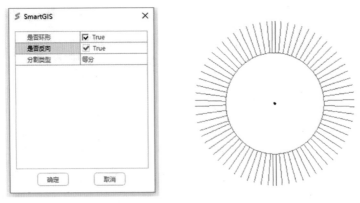

图7.41　环形斜坡(内环为坡顶线)

2)制图压盖处理

对于注记或要素符号间出现压盖的情况，可以使用"符号编辑""移动图块""面填充符号消隐"等功能对要素符号进行调整处理(见图7.42、图7.43)，而个别点符号要素，如高程点、水井等，可选中要素后直接移动其注记符号部分。

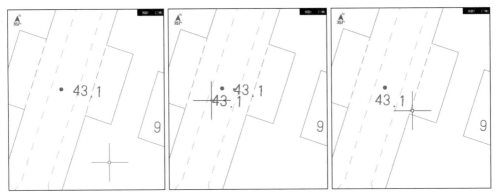

图7.42　直接移动高程点注记符号处理压盖

图7.43　移动花圃面内填充符号处理压盖

184

3) 创建标准图幅

要素符号及注记压盖等制图调整完毕后，点击软件界面右下方▦格网开关开启格网显示，然后点击"标准图幅"功能，选择矢量地形数据所在的格网区域，并设置图幅信息（见图7.44），再点击"完成"，跳转至布局视口创建标准图幅（见图7.45）。

图 7.44　图幅信息设置

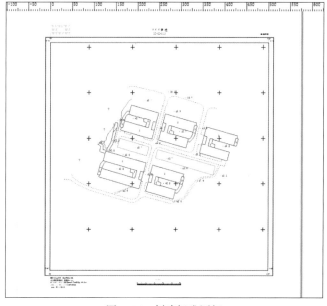

图 7.45　创建标准图幅

3. 质量检查与修改

1）数据质量检查

对采集更新完成后的矢量地形数据进行拓扑、属性、图属一致性、完整性等方面检查。点击"质检方案"，弹出质检规则界面，点击界面右下方"执行"按钮进行数据质检，质检完成后弹出检查结果列表，在列表中可查看每一条报错信息，双击错误信息行，跳转定位到报错要素的位置，如图 7.46 所示。

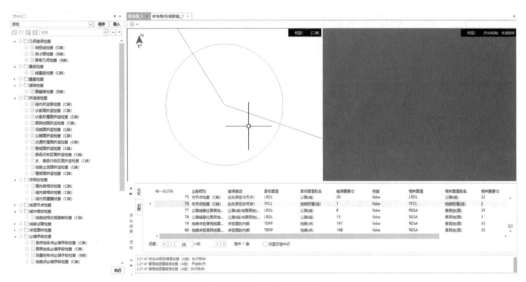

图 7.46　数据质量检查

2）检查错误修改

参赛选手根据质检结果情况对报错要素进行判断和修改，直至检查无实际错误为止。部分拓扑问题错误可利用"冗余节点清除""删除重复要素""批量修复悬挂"等功能进行批量修改。

4. 成果输出

1）建库成果输出

数据质检及错误修改完成后，点击"导出成果库数据"功能，按照考核规定要求设置建库成果名称及格式，点击"确定"按钮，弹出"执行完毕!"提示，则建库成果数据输出成功，如图 7.47 所示。

2）制图成果输出

创建标准图幅及图面整饰后，点击"打印"按钮，按照考核规定要求设置建库成果名称，并将打印格式设置为 pdf，如图 7.48 所示点击"打印"，弹出打印成功提示，则完成制图成果数据输出。

3）提交考核数据

当参赛选手确认成果数据输出及最终检查完毕后，双击软件计时悬浮条，点击"提交"按钮，等待软件提交执行结束并自动关闭，即完成选手成绩及数据的上传，如图

7.49 所示。

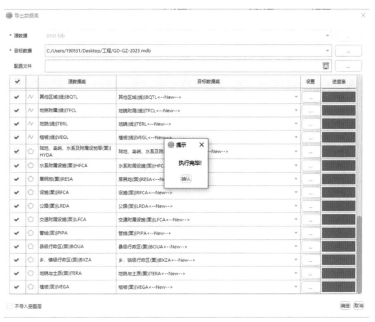

图 7.47　导出成果库数据

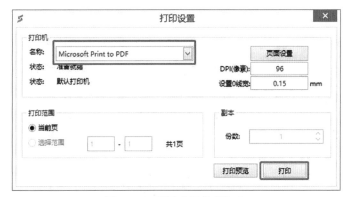

图 7.48　制图成果数据打印

图 7.49　提交考核数据

第8章　虚拟仿真测绘地理信息技能竞赛

虚拟仿真测绘地理信息技能竞赛平台融合了工程测量、数字测图、无人机航测、三维激光点云测量、地图制图等测绘地理信息技能的虚拟仿真竞赛，从赛事报名、赛项测绘教学、专场教授直播，到内外业仿真竞赛，形成仿真技能竞赛闭环流程，最终达到"以赛促学，以赛促教"的实践教学目的。

8.1　技能竞赛平台

8.1.1　技能竞赛平台特色

虚拟仿真测绘地理信息技能竞赛平台特色如下：

(1)融合工程测量、数字测图、无人机航测、三维激光点云测量、地图制图各大赛项(见图8.1)。

图8.1　技能竞赛平台主界面

(2)兼并 SouthMap、SouthUAV、SouthLidar Pro、SmartGIS Survey 各大内业软件。

(3)具有方便教师及裁判使用的 Web 平台(见图8.2)。

8.1.2　技能竞赛平台操作指南

技能竞赛平台搭建的目的是检验学生的实践能力和基础知识的掌握水平，培养学生基于虚拟仿真平台的数据采集、成图和三维建模等方面的操作能力，可有效提高大学生解决工程实际问题和程序设计问题的综合能力，显著增强全国高校实践教学方面的经验与成果交流。

图 8.2　技能竞赛 Web 平台主界面

1. 竞赛须知

（1）竞赛期间，各参赛队伍、裁判员、工作人员提前到场（线上参赛队伍提前入座并准备好参赛设备）。

（2）请认真阅读竞赛手册，熟悉竞赛流程、相应规则，服从工作人员安排。

（3）选手比赛时，在线监督人员和竞赛保障组必须全程待命，针对选手的提问只可做软件故障方面问题的分析和处理，不允许出现对选手成果有影响的操作和提示。

（4）第一场及第二场模拟赛（线上设备软硬件环境测试），要求所有选手务必参与，模拟竞赛的全流程、测试相关软件是否运行正常，直至最后提交数据完毕，整个竞赛流程才算结束。

（5）发现异常状况可联系各省对应技术负责人协助解决，当天没有完成测试赛的，则决赛当天发生任何软件和硬件问题造成的后果由选手本人承担。

（6）因各个选手的计算机配置，系统版本、安全级别、安全类软件等都存在差异，为应对意想不到的突发状况，要求选手在比赛的过程中必须随时保存数据，如因意外状况造成数据丢失无法找回的，赛委会不予延时，责任由选手个人承担。

（7）所有选手必须将钉钉群的个人备注改为"学校+姓名"，否则将影响答疑和应急处理。

（8）请仔细听取赛前裁判的测区补充说明，正式比赛开始前请以学校为单位认真研究讨论。

（9）所有选手在竞赛平台提交数据之后，切记一定要在邮箱也同步提交。

2. 选手参赛指南

1）赛前软硬件环境确认

竞赛为虚拟仿真线上竞赛，对参赛选手的参赛终端有一定的配置要求。在参赛前为了保证自己的竞赛过程顺利，请先按照表8.1中的配置要求进行硬件自查。

表8.1　　　　　　　　　　　　　　配 置 要 求

CPU	NUi5-8600AU 锐龙3600 及以上
磁盘空间	固态硬盘，可用空间300G以上
显卡	GTX950以上
内存	8G以上
摄像头	笔记本自带正脸摄像头，或USB外接摄像头均可(以能够看清选手面部特征为准)

2)监考环境确认

考试采用考生端自动计算机桌面监考和人脸识别监考相结合的方式。

各组考生端监考可使用计算机外置USB摄像设备或笔记本电脑自带摄像设备，一组两名选手任一或两人出镜均可，监考系统具有人脸识别功能，参赛选手需保证面部无遮挡，不允许第三人入场，否则监控后台会自动标记，视角如图8.3所示。

图8.3　考生端监考人像规范

3)选手参赛流程

(1)参赛报名。选手通过报名账号登录竞赛平台(见图8.4)。

登录成功会进行当前电脑硬件配置检测，并根据所报的赛项进行配置检测，若配置不达标平台需要选手二次确认，否则选手承担配置不足导致比赛异常延误情况等后果(见图8.5、图8.6)。

进入"赛事"：选择赛事类型，包括全国性大赛、省级赛事、校级赛事，均为官方公开举办赛事(见图8.7)。

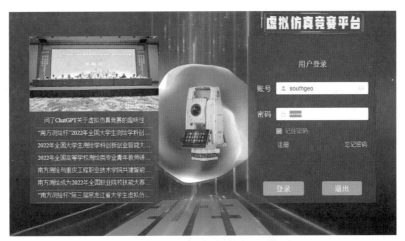

图 8.4 技能竞赛平台登录界面

图 8.5 检查本地电脑配置

图 8.6 配置不足承诺

图 8.7　赛事界面

选手需要填写报名信息或者通过导师提交报名申请(见图 8.8)。

图 8.8　选手申请赛事报名

选手独自报名还需要获得导师的邀请码才能完成最终报名。

报名成功后,平台会开放当前赛项的自由练习环境以及教学视频资源(见图 8.9)。

(2)赛事教学。进入"教学",官方免费开放部分竞赛教程(见图 8.10)。

当指定赛项报名成功时,平台会开放对应赛项的教程资源供选手观看学习。

全国性比赛期间,官方会推出直播教学,及时解答疑难问题(见图 8.11)。

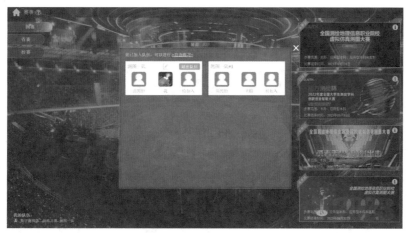

图 8.9 选手队伍列表

图 8.10 无人机航测赛项教学视频

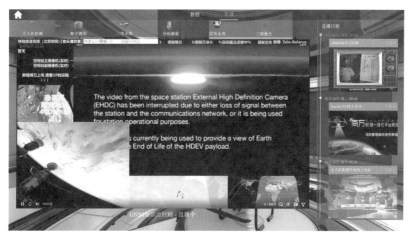

图 8.11 直播视频

（3）自由练习。选手报名成功即可进行报名赛项的自由练习，通过"开始"进入，选择自由练习场景（见8.12）。

图8.12 竞赛预备界面

还可以进行仿真实操练习，平台提供大范围自由练习场景，也会用作模拟赛的比赛场景（见图8.13）。

图8.13 自由练习场景

专属赛项比赛设备有全站仪、棱镜、无人机、水准仪等（见图8.14）。

内业处理软件练习，根据赛项不同提供的内业软件也有区别。数字测图赛项提供的是SouthMap；无人机航测赛项提供的是SouthUAV、SmartGIS Survey；机载三维激光赛项提供的是SouthLidar等。

图 8.14　虚拟仿真工具箱界面

（4）正式比赛。进入钉钉技术支持群，与测试流程保持一致。

登录竞赛平台。开赛前一小时可以提前进入决赛赛程（见图 8.15）。

图 8.15　正式决赛阅读赛前说明

选择赛程后，为保证比赛流程畅通，系统会检测竞赛软件安装以及版本是否符合比赛要求（见图 8.16）。

还需检测监考硬件即桌面监考画面以及摄像头人像画面，当前阶段需要等到裁判审核确认。审核要求：①桌面畅通；②人像清晰并符合规范（见图 8.17）。

确认审核后，系统将自动录入考试数据，等待比赛倒计时归零，竞赛正式开始（见图 8.18）。

图 8.16 检查赛事关联软件版本

图 8.17 监考环境检测

图 8.18 比赛开始倒计时

开始比赛，首先进行虚拟仿真外业数据采集(见图8.19)。

图8.19 虚拟仿真场景

比赛过程中，必须查看测区范围，避免多测或漏测(见图8.20)。

图8.20 仿真场景地图及测区范围

进行数据采集，导出全部SVD数据(见图8.21)。

提交成果，启动成图软件(启动成图软件前需将全站仪、RTK所有文件数据导出，见图8.22)。

读取虚拟仿真数据。点击"数据"，选择"读取虚拟仿真数据"，见图8.23。

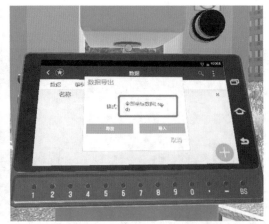

图 8.21　手簿与全站仪数据导出

图 8.22　完成外业采集后启动成图软件

图 8.23　导入虚拟仿真数据

绘图后点击红色对号提交成果，完成比赛(见图8.24)。

图 8.24 成图软件提交成果

内业成图和成果提交要注意以下几点：①内业环节内容与赛前测试内容相同，留意提交三种数据(.dwg、.pdf、.SVD)，不要遗漏提交；②数据备份，各组选手提交成果完成以后，需将三种数据打包命名为"学校-组员1姓名-组员2姓名-数据备份"(见图8.25)；③切记在发送邮件的主题名称中也要按照此格式填写发送至邮箱。

图 8.25 备份成果

(5)应急保障：

①数据生成与提交。如出现突发情况无法进行自动评分，可将文件(.dwg、.pdf、.SVD)数据打包。私聊发送至技术负责人钉钉号中，提交时间按发送的收信时间为准。

②数据故障。如出现无法展点的情况，可将SVD数据打包发送至各省技术保障人员进行数据转换。

8.2 Web 竞赛平台功能应用

高校教师根据比赛要求可以参与报名官方组织的全国范围比赛或者定制校内比赛，

在赛事中可担任队伍导师、监考裁判、评分专家，每种赛事角色都有特定的使用功能。

8.2.1　竞赛报名

院校教师可以跳过客户端下载安装流程，通过 Web 平台进行竞赛报名。

首先按照报名流程选择赛事类型，赛事类型分为全国性大赛、省级赛事、校级赛事（见图 8.26）。

图 8.26　竞赛报名—选择大赛类型流程

公开的皆为官方举办的赛事，根据报名要求选择参与报名（见图 8.27）。

图 8.27　竞赛报名—选择赛事流程

导师需填写报名信息进行报名（见图 8.28）。

图 8.28 竞赛报名—填写报名申请

报名成功，等待官方审核。审核结果会通过邮件或平台内部通知告知（见图 8.29）。

图 8.29 报名审核中赛程

审核通过后，即可进行队伍组建。老师可创建的队伍上限根据赛事规则而定。组建队伍需要填写队名、队伍权限规则、入队规则等（见图 8.30）。

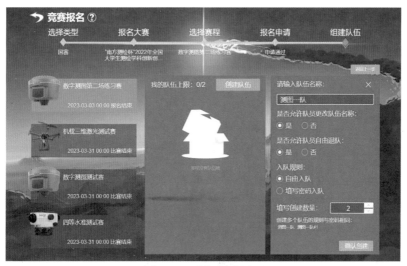

图 8.30 队伍创建界面

导师可以通过两种方式添加学生参赛(见图 8.31):

图 8.31　导师添加学生方式

①邀请码添加,导师自主生成邀请码,发放给学生,由学生自主报名比赛(见图 8.32)。

图 8.32　邀请码添加界面

②表格导入添加,按照表格模板填写信息,导入学生信息,学生可很快获得参赛名额。

导师可以对已有学生发出邀请入队或者踢出队伍(见图 8.33)。

图 8.33　导师队伍管理

8.2.2　定制比赛

定制比赛服务于校内，由校内老师设定自定义场景、赛项进行比赛创建。
按照流程引导，首先选择定制比赛场景(见图 8.34)。

图 8.34　定制比赛场景选择

选择各个赛项的官方公开测区，公开测区会提供内业软件自动评分功能(见图
8.35)。

图 8.35　定制比赛测区选择

自定义测区可以自由规划考试场景范围以及仿真实操难度(见图 8.36、图 8.37)。
创建比赛要填写必要的信息，如赛事名称、比赛时间等(见图 8.38)。

图 8.36 定制赛测区布设已知点测定

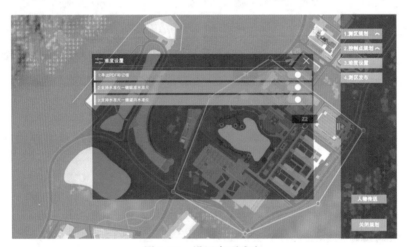

图 8.37 设置赛项难度

图 8.38 创建比赛信息填写

选择校内学生比赛(见图 8.39)。

图 8.39　校内选手选择参赛

设置监考规则与监考老师任命(见图 8.40)。

图 8.40　定制比赛监考设置

设置评分规则与评分老师任命(见图 8.41)。
确认比赛。

8.2.3　裁判监考

在正式比赛或定制赛中会采取远程监考的方式,裁判需要登录 Web 平台进行监考(见图 8.43),监考过程需要审核选手的监考环境是否符合要求、是否为本人等。
比赛开始当天都可进入监考。

图 8.41　定制比赛评分设置

图 8.42　确认发布比赛

图 8.43　监考考场列表

选手进入监考检测阶段即可观看(见图 8.44)。

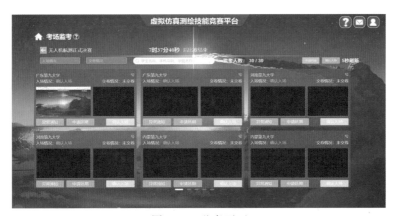

图 8.44 监考画面

裁判需要通过远程监考审核每组选手监考画面并确认入场，否则选手无法进行下一步比赛。

针对选手的异常行为可以强制发出通知提醒(见图 8.45)。

图 8.45 异常通知发送

官方赛事会设立裁判长一职，专为特殊情况延时进行审批(见图 8.46)。

图 8.46 裁判长申请审批

8.2.4　专家评分

评分专家通过登录 Web 平台对已结束比赛进行人工评分,平台提供报告以及成果文件供专家审批。为保证评审的公平性,每份评卷至少需要由两名以上评分专家进行评分,再取其平均值。

比赛结束阶段,评分专家登录 Web 平台选择评分赛项并开始评分(见图 8.47)。

图 8.47　专家评分赛项

评分窗口提供 PDF 报告以及 dwg 成果文件供专家审查评分(见图 8.48)。

图 8.48　专家评分窗口

8.3　2022 年全国大学生测绘学科创新创业智能大赛

2022 年 7 月 20 日上午,在教育部高等学校测绘类专业教学指导委员会的指导下,由中国测绘学会教育工作委员会主办,广州南方测绘科技股份有限公司协办,安徽大学承办的 2022 年全国大学生测绘学科创新创业智能大赛隆重开幕。

　　大赛为期 2 天，采用选手线上参赛、评委线下评审的模式。四个赛项共有 243 所高校报名参赛，参加决赛的选手达到 4500 人以上，其中虚拟仿真数字测图有 762 组(含专业组 402 组、非专业组 360 组)、无人机航测虚拟仿真 708 组(含专业组 389 组，非专业组 319 组)。

8.3.1　虚拟仿真数字测图竞赛说明

　　竞赛版软件中训练营里求转换参数步骤需注意，平面坐标获取点库中的内置点，如K1；大地坐标获取点库中的实测点，如对应点号为 k1。

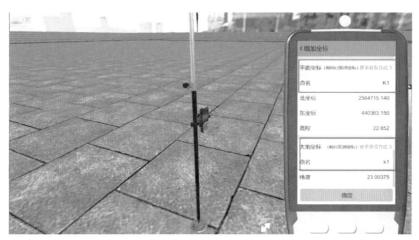

图 8.49

1. 测区范围

测区范围如图 8.50 所示。

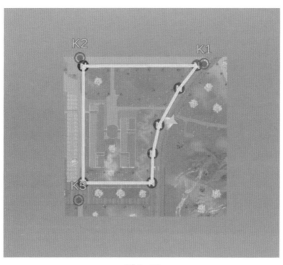

图 8.50

说明：测区范围都是以道路最外侧边线进行划分的，图中黄色范围线也是按照道路最外侧边线进行勾绘的。

2. 测绘图规则

（1）测区中楼房只测主体轮廓线，轮廓线必须闭合，否则无法自动判分。

（2）不得使用简码识别绘图。

（3）单棵树木不需表示。

（4）道路路面材质不一致，需用地类界区分别标注。

（5）草地表示为天然草地。

（6）各种属性、材质请用以下字词或其组合标注，沥、砖、砼、水泥，1，2，3，4，5，6，7，8，9，0 等。

（7）所有控制点均需展绘在图面上，用不埋石图根点表示。

（8）所布设图根控制点命名规则：按 K1、K2……Kn 续接已知控制点进行命名。碎部点命名规则如下：采用 GNSS-RTK 测量的碎部点，点名为 G+数字序号形式，如 G1，G2，G3，…，Gn；全站仪测量的碎部点点名则为 Q+数字序号，如 Q1，Q2，Q3，…，Qn。

（9）采用 GNSS 接收机配合全站仪的测图模式，对于不能使用 GNSS 接收机准确测定地物点平面位置的地物应采用全站仪施测（图面展绘高程点中，使用全站仪所测高程点不得少于 10 点），否则视为漏测（见图 8.51～图 8.54）。

3. 图廓规则

图廓规则具体如下（见图 8.55）：①图名：虚拟仿真数字测图竞赛；②秘密等级：秘密；③坐标系信息：2000 国家大地坐标系；2017 版图式；1985 国家高程基准，等高距为 1m；2022 年 07 月测制；④左上角图名和右下角图号删除，接合表保留但不填数字；⑤图幅：采用任意图幅。

图 8.51

图 8.52

图 8.53

图 8.54

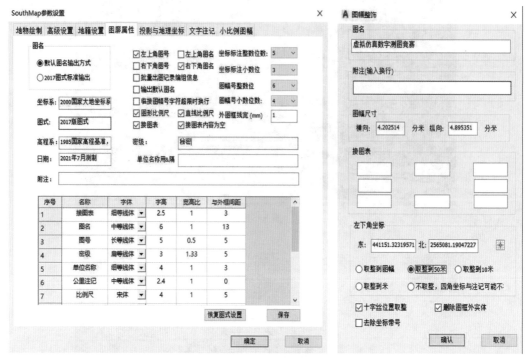

图8.55　图幅整饰

4. 上交数据规则

竞赛成果文件包括线划图文件(.dwg)、线划图文件(.pdf)、计算机自动评分系统辅助评判文件(.mks),所有的成果文件在测绘地理信息线上竞赛系统分类上传成功,竞赛比赛结束时间以收到成果文件时间为准。所有文件名按照系统自动生成为准,不得修改。

参赛选手必须待裁判确认提交无误后方可离开考场。

5. 成绩评定

(1)时间得分(30分)。

①数字测图满分100分,竞赛用时成绩30分,成果质量成绩70分,人工阅卷、成绩的统计查询均在测绘地理信息线上竞赛系统完成。计算机自动统计数字测图工作量,工作量完成度<50%,时间得分为0分。

②数字测图工作量≥70%竞赛用时,成绩计算方法:

$$S_i = \left(1 - \frac{T_i - T_1}{T_n - T_1} \times 40\%\right) \times T_0$$

式中:T_i为第i组竞赛实际用时,T_0为对应赛项竞赛用时成绩满分,T_1为所有参赛队中用时最少的时间,T_n为所有参赛队中用时最多的时间。

(2)成果质量评分,以标准图作为考核依据(70分),详见表8.2。

表 8.2　　　　　　　　　　　　　　仿真数字测图成果质量评分标准

类别	项目与分值	评 分 标 准
测绘地理信息竞赛计算机自动评分系统（50分）	数据采集规范性检测（5分）	全站仪测点不少于 10 点，每少 1 点按比例扣分，扣完为止
	独立地物点位正确性检测（5分）	在独立地物图层上所有独立地物为考核点，判断成果点位精度，点位精度要求误差小于 0.15m，每超限 1 处按比例扣分，扣完为止
	道路边位置正确性检测（5分）	在道路设施图层上选取多个道路边为考核点，判断成果道路边精度，要求误差小于 0.15m，每超限 1 处按比例扣分，扣完为止
	边长度检测（5分）	在居民地图层选取多个房屋边长为考核点，要求误差小于 0.15 米，每超限 1 处按比例扣分，扣完为止
	区域面积检测（5分）	在居民地图层选取多个居民地房屋面积为考核点，要求房屋面积误差小于 5%，每超限 1 处按比例扣分，扣完为止
	标注符号正确性检测（5分）	在道路设施图层、居民地图层、独立地物，选取多个符号标注为考核点，判断符号标注是否正确，每错误 1 处按比例扣分，扣完为止
	高程点正确性检测（5分）	选取标准图考核区域内的高程点构建 TIN，学生成果高程点平面位置在 TIN 网内的插值得到的高程与学生成果点高程相比较，要求误差小于 0.30 米，每超限 1 处按比例扣分，扣完为止
	等高线规范性检测（5分）	等高线在遇到房屋及其他建筑物、双线道路、路堤、坑穴、陡坎、斜坡、湖泊、双线河、双线渠、水库、池塘以及注记等均应中断，选取多处考核点检测是否中断，每有 1 处按比例扣分，扣完为止
	符号压盖地物检测（5分）	选取多个符号考核点，检查符号压盖地物情况，每有 1 处扣 1 分，扣完为止
	上传成果文件正确性检测（5分）	自动评分系统检测上传成果文件是否为本场比赛按要求及比赛期间生成的成果文件，上传错误的线划图文件（.pdf）扣 5 分，上传错误的线划图文件（.dwg）或计算机自动评分系统辅助评判文件（.mks），本场比赛得分总分直接为 0 分
人工评判（20分）	人工评判（20分）	对图整体效果、自动评分系统没有关注的其他方面问题（如图幅、图名、图外标注、比例尺、高线拟合、填充符号密度、参赛队选手信息等）进行评判

8.3.2 虚拟仿真无人机航测赛前说明

1. 测区范围与技术要求

(1)测区范围说明：范围边界为外边界(见图 8.56)。

图 8.56 测区范围

(2)地面分辨率(GSD)要求：优于 2.0cm/px 且不低于 1.6cm/px。

(3)已知控制点：K1 平面坐标：572693.690，4919750.960，0.379；

经纬度：84.54454956，44.24348910。

(4)航向重叠率需大于 60%，旁向重叠率需大于 60%。

(5)中央子午线使用 2000 坐标系 3 度带计算。

(6)像控点布设要求：测区内至少 6 个像控点与 2 个检查点，已有控制点不算入像控点。

(7)18：00~8：00 属于夜间。

(8)刺点要求：每个像控点里的每个镜头最低刺 5 张照片，5 个镜头最少 25 张。

(9)相机参数：CCD 宽 23.5mm，CCD 高 15.6mm。

(10)生产模型要求：OSGB 格式，分块大小为 16G。

2. 上交成果

竞赛成果文件包括项目设计总结报告(.pdf)、计算机自动评分系统辅助评判文件(.mks)，项目设计总结报告需含有外业自动生成的 V1、V2 图与内业生成的刺点报告，所有的成果文件在线上竞赛系统分类上传成功，竞赛比赛结束时间以收到成果文件时间为准。所有文件名按照系统自动生成为准，不得修改。

3. 评分规则

1)成绩评定

无人机航测满分 100 分，竞赛用时成绩 20 分，成果质量成绩 80 分，详见表 8.3。

2)评分细则

无人机航测比赛评分细则见表 8.4。

表 8.3 　　　　　　　　无人机航测虚拟仿真竞赛评分

赛项	评分内容	分值	评分说明
无人机航测虚拟仿真竞赛	时间分	20	各队的作业速度得分 S_i 计算公式为： $$S_i = \left(1 - \frac{T_i - T_1}{T_n - T_1} \times 40\%\right) \times T_0$$ 式中：T_i 为当前队伍竞赛时间，T_1 为所有参赛队中完成全部操作且用时最少的竞赛时间。T_n 所有参赛队中不超过规定最大时长的队伍中用时最多的竞赛时间。相对速度得分 S_i，T_0 为对应赛项竞赛用时成绩满分
	外业作业规范	38.5	对外业中的：踏勘 10 分、像控点布设测量 8.5 分、无人机组装 10 分、航行规划合理性 10 分，外业流程进行自动评分
	内业作业规范及质量	27.5	对内业中的：数据整理 10 分、空三计算 8.5 分、成果生产 9 分，内业流程进行自动评分。其中，空三计算精度评估报告中必须包含检查点
	项目设计总结报告书	14	对像控点及检查点合理性、航线合理性、总结报告人工评分

表 8.4 　　　　　　　　　评 分 细 则

考核流程	评分内容	分值	评分说明
现场踏勘	安全飞行-天气环境	5	根据天气环境选择评定
	安全飞行-风速	5	根据抗风参数指标选择评定
像控点布设	像控点布设位置	1.5	像控点、检查点布设位置必须在指定测区范围内，根据布设合理性评定
	像控点布设数量	3	根据像控布设数量区间要求评定
	像控点测量	4	根据像控点坐标数据精度评定
无人机组装/检查	无人机组装步骤	2	按照标准安装步骤评定
	SD 卡检查	3	根据操作软件设置记录结果评定
	相机拍照检查	2	
	无人机飞行检查	3	根据飞行检查操作结果评定
航线规划	测区范围	2	根据操作软件设置记录结果评定
	分辨率、重叠率设置	4	
	相机挂载设置	4	
意外情况	炸机、禁飞区		出现撞击炸毁、闯入禁飞区等情况，直接判自动评分不及格

续表

考核流程	评分内容	分值	评分说明
数据整理	照片处理	2	根据操作软件设置记录结果评定 数据整理未达到满分的情况下，无法进行空三运算
	数据对齐	2	
	坐标系设置	2	
	相机参数设置	2	
	创建工程	2	
空三运算	自由网空三	1	根据操作软件设置记录结果、精度结果评定
	像控刺点	1.5	
	坐标系设置	2	
	控制网平差	1	
	精度报告	3	
成果生产	数据分块	2	根据操作软件设置记录结果评定
	建模范围约束	2	
	数据格式	2	
	坐标系设置	3	
人工评分	像控点采集的合理性	1.5	评判依据 V2 图
	像控点及检查点设置的合理性	1.5	根据刺点报告图片
	航线外扩的合理性	1	要求外扩必须大于等于航高，且不与禁飞区产生冲突（评分根据 V1 图）
	总结报告内容的完整性	10	专家主观判断

赛前说明文件详细介绍了虚拟仿真航测项目实施的技术要求、成果提交要求及评分细则，由上述赛前说明示例文件，可做如下解读：

（1）技术要求中主要考核地面分辨率计算、坐标系转换、像控点布设原则、数据处理设置及流程。

（2）上交成果包括 .pdf、.mks 等多种格式，其中约束了报告类型为"项目总结"形式，文档中需提供真实有效的佐证资料，如"V1 图""V2 图"，资料缺失会严重影响成绩评定。随着赛项细则逐年变化，未来竞赛将要求提供 .dwg 格式数字线划图等成果。

（3）评分细则中有关于"炸机""禁飞区"等意外情况的描述，清晰表达出"安全第一"的要求。

（4）航线外扩合理性的评定与 V1 图所展示的航高和禁飞区冲突有关（见图 8.57），基本要求为倾斜航线下外扩需大于航高且不与禁飞区冲突。根据飞行航线角度不同，外扩范围有不同的标准答案。

（5）像控点及检查点的采集布设合理性的评定通过报告中点位分布图（V2 图），点位数量、点位分布距离等因素进行综合评判，基本要求为分布均匀、能控制测区精度、检查点位于控制网内。

图 8.57

(6)未来 DLG 数字线化图的生产会采用主流的基于实景三维模型裸眼采集的方式进行，对数字线划图成果质量的评定会参考数字测图中的评定标准并做适当简化。

8.4 第二届全国测绘地理信息职业院校大学生虚拟仿真测图大赛总决赛

8.4.1 虚拟仿真数字测图赛项说明

1. 测区范围

须特别留意地形要素、房屋及道路的测量部位(见图 8.58、图 8.59、图 8.60、图 8.61、图 8.62)。

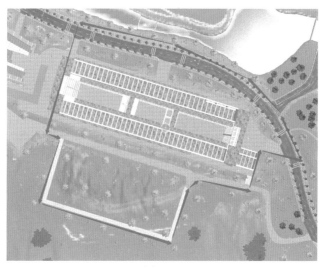

图 8.58

图 8.59

图 8.60

图 8.61

图 8.62

2. 测绘图规则

(1)图式使用：①文件注释说明的图式；②单棵树木无需表示；③草地统一表示为天然草地；④各种属性、材质请使用以下字、词或其组合标注：沥、砖、砼、水泥，0，1.2，…

(2)点命名规则：①所布设图根控制点命名规则：按 K1，K2，…，Kn 续接已知控制点进行命名；②GNSS-RTK 测量的碎部点，点名为 G+数字序号形式，如 G1，G2，G3，…，Gn；③全站仪测量的碎部点点名则为 Q+数字序号，如 Q1，Q2，Q3，…，Qn。

(3)图廓规则：①图名：虚拟仿真数字测图竞赛；②密级：秘密；③2000 国家大地坐标系；④1985 国家高程基准，等高距为1m；⑤2017 版图式；⑥2022 年 11 月测制。

(4)上交成果规则：①线划图文件(.dwg)；②线划图文件(.pdf)；③线划图文件(.mks)；④所有文件名按照系统自动生成为不得修改的文件名。

3. 成绩评定

(1)时间得分(30 分)。

①数字测图满分 100 分，竞赛用时成绩 30 分，成果质量成绩 70 分，人工阅卷、成绩的统计查询均在测绘线上竞赛系统完成。计算机自动统计数字测图工作量，工作量完成度<50%，时间得分为 0 分。

②数字测图工作量≥50%竞赛用时成绩计算方法：

$$S_i = \left(1 - \frac{T_i - T_1}{T_n - T_1} \times 40\%\right) \times T_0$$

式中，T_i 为第 i 组竞赛实际用时，T_0 为对应赛项竞赛用时成绩满分，T_1 为所有参赛队中用时最少的时间，T_n 为所有参赛队中用时最多的时间。

(2)自动评分，以标准图作为考核依据(50 分)。

图 8.63　自动评分细则

（3）人工评分（20 分）

对图面整体效果、自动评分系统没有关注的其他方面（如图幅、图名、图外标注、比例尺、高线拟合、填充符号密度、参赛队选手信息等）进行评判。

8.4.2　虚拟仿真数字测图赛项技术小结

1. 软件操作方面多发问题及原因分析

（1）杀毒未关闭（考生端登录不上、软件使用过程中仪器无法取出、生成自动评分文件时软件崩溃）。

（2）点位数据命名错误（未按照赛前说明文件规定命名导致导出数据点位不够）。

（3）飞点（仪器回收之后未进行参数转换，全站仪进行房角测量点位过于靠外）。

2. 后台自动评分方面多发问题及原因分析

（1）区域面积检测（内部范围线不用测制，如测绘了楼内的天井就会出错）。

（2）边长检测（由于房屋绘制内部边线导致房屋边线长度错误）。

（3）道路边位置正确性检测（路圆弧位置圆弧起始变化点位置测量错误）。

（4）标注符号正确性检测（未按照赛前说明文件说明的注记文字进行注记）。

（5）高程点正确性检测（全站仪展绘在图面的 10 个高程点存在不是地表高程导致的高程值错误）。

3. 人工评分发现的问题

（1）对赛项说明不能认真聆听：最典型的是进入楼内测天井（有五个以上的队伍），图名、坐标系统、高程系统等问题仍然出现错误。

（2）符号压盖太多；有的组不用查就直接扣分了。还有的选手为了避免压盖（控制点）而将符号与注记设置得过远，很难找到。

(3)该删除的没有删除，如左上角图名、右下角图号、接合表内数字等。

(4)不应该注记的进行注记，如注记了"阳台"。

(5)对规范(2017版图式)理解不足：①等高线逐条注记高程，且方向不统一；②三角网建立范围不清楚；③不懂绘图基本常识(见图8.64)；④等高线不修剪、未拟合。

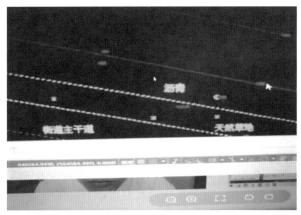

图8.64 绘图注记和符号错误

(注："街道主干道""天然草地"不需要注记，"沥青"应该注记为"沥"，天然草地符号不正确。)

4. 后台无成绩问题原因分析

(1)上传的.mks文件时间不是当次比赛时间生成的文件。

(2)上传文件命名不符合规定(例：学校-学生姓名)。

(3)未登录考生端。

(4)未参赛。

(注：邮箱为应急预案，数据以后台上传为准，数据上传后台提交成功的话，不进行邮箱查阅。)

5. 几点建议

(1)每次比赛认真聆听赛项说明(重中之重)。

(2)合理安排内外业时间。

(3)认真规划外业跑点路线。

(4)仔细研读规范、图式——测图的法典。

(5)赛前要准备充分，如电源、网络、电脑软件等竞赛环境都要考虑到。

高校大学生虚拟仿真教学及技能大赛是对在线虚拟仿真教学实践的深入研讨，总结、分享在线虚拟仿真教学方法与经验，学生在家中也能完成应有的教学实训课程，深受师生喜爱。大赛规模充分体现了人人有机会参与、人人有机会得奖的竞赛理念，达到了以赛促学、以赛促教、以赛促改的目的。

附录 Ⅰ   测绘地理信息虚拟仿真在1+X 考证的应用

按照全国教育大会部署和落实《国家职业教育改革实施方案》(简称"职教20条")要求，教育部会同国家发展改革委、财政部、市场监管总局制定了《关于在院校实施"学历证书+若干职业技能等级证书"制度试点方案》【教职成〔2019〕6 号】，启动"学历证书+若干职业技能等级证书"(简称1+X 证书)制度试点工作。

教育部办公厅等十四部门关于印发《职业院校全面开展职业培训 促进就业创业行动计划》的通知【教职成厅〔2019〕5 号】，加快推进"学历证书+若干职业技能等级证书"(简称1+X 证书)制度试点工作，鼓励参训人员获取职业技能等级证书和职业资格证书。

测绘地理信息相关的1+X 证书目前有"测绘地理信息数据获取与处理职业技能等级证书""测绘地理信息智能应用职业技能等级证书"等5 项。

一、测绘地理信息数据获取与处理1+X 证书虚拟仿真考试

测绘地理信息数据获取与处理1+X 证书虚拟仿真考试软件功能说明如下：

1. 加载界面

打开软件，默认进入到加载界面等待资源载入，下方进度条可显示加载进度情况(见附图Ⅰ.1)。

附图Ⅰ.1   加载界面

2. 软件主界面

操作说明：

(1)"关于"：点击查看版本信息；

（2）"设置"：点击可设置实训软件画面、分辨率、窗口化等；

（3）"退出"：点击可退出软件；

（4）"开始"：点击进入场景进行学习与测评；

微信扫描二维码可显示"虚拟仿真教学中心"公众号。

附图Ⅰ.2 软件主界面

3. 设置功能

可调整实训软件整体画面效果（见图Ⅰ.3）。

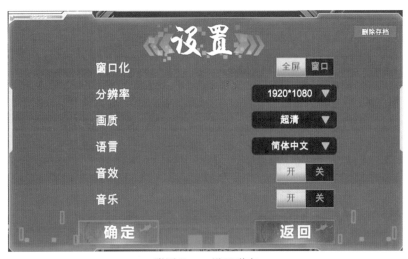

附图Ⅰ.3 设置弹窗

操作说明：

（1）"窗口化"：可单选设置全屏模式或者窗口模式；

（2）"分辨率"：分辨率越高，显示效果就越精细和细腻；

(3)"画质"：可选择极速、简单、流畅、标清、高清、超清；

(4)"语言"：目前只支持简体中文。

(5)音乐音效开关；

(6)删除存档，点击删除缓存；

(7)点击"确定"，软件更改设置；点击"取消"软件不更改设置。

4. 关于功能

查看软件当前版本号等信息(见附图Ⅰ.4)。

附图Ⅰ.4 "关于功能"弹窗

5. 主场景

允许在实训场景中自由式操作测量，配置全站仪以及配套设备，还原真实测量中的操作过程，实现线路测量过程虚拟作业(见附图Ⅰ.5)。

附图Ⅰ.5 测量场景

操作说明：

(1)根据左侧说明操作键盘，软件会产生与说明相应的操作；

(2)按【W】【S】【A】【D】键，使人物移动；

(3)按【C】键，人物下蹲；

(4)按【W】+【SHIFT】键，人物奔跑；

(5)按【Space】键，人物跳跃；

(6)鼠标点击右侧背包或者按快捷键【TAB】，打开背包；

(7)鼠标点击右侧地图或者按快捷键【M】，打开地图；

(8)鼠标点击右侧石灰线，打开石灰线功能；

(9)鼠标点击右侧评分或者按快捷键【P】，打开自动评分功能；

(10)对着设备按【F】键实现进入/退出操作；

(11)鼠标滚轮可调节仪器高亮的部件；

(12)鼠标滚轮可调节三脚架旋钮，进而更换三脚架的可调节性；

(13)点击【Esc】键，退出测量界面。

6. ESC 键

进入/退出测量界面可退出测量和程序。

操作说明：

(1)点击"返回"，返回测量界面；

(2)点击"主菜单"，确认则返回主菜单可返回软件主界面，取消则退出测量界面。

(3)点击"退出"，确认退出程序即可退出软件，取消退出测量界面。

微信扫描二维码进入"虚拟仿真教学中心"公众号。

7. 背包

进入背包界面可拿出设备、定位设备与回收设备，每个模式只存在相应的仪器(见附图Ⅰ.6)。

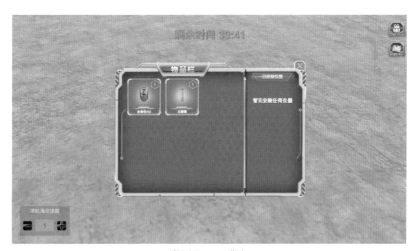

附图Ⅰ.6　背包

操作说明：

（1）点击"定位"，人物传输至仪器盘；

（2）点击"回收"，一键回收仪器。

（3）点击"退出"，退出背包功能。

（4）点击物品栏内的仪器，可拿出仪器。

8. 地图

以俯视场景的视角，查看人物所在位置、控制点位置、控制点坐标数据，点击点位可传送（见附图Ⅰ.7）。

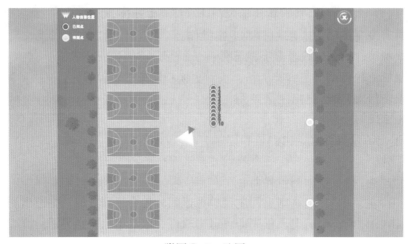

附图Ⅰ.7 地图

操作说明：

（1）点击"已知点"，人物传输至该已知点旁；

（2）点击"待测点"，人物传输至该图根点旁。

（3）点击"退出"，退出地图功能。

9. 水准仪

安置水准仪且在放置水准尺后，右下方将显示仪器与水准仪之间的距离（见附图Ⅰ.8，附图Ⅰ.9）。

操作说明：

（1）按【W】键，视角向前平移；

（2）按【S】键，视角向后平移；

（3）按【A】键，视角向上平移；

（4）按【D】键，视角向下平移；

（5）按【Q】键，视角左窥；

（6）按【E】键，视角右窥；

（7）按【J】键，水准仪左转；

（8）按【L】键，水准仪右转；

附图Ⅰ.8　水准仪安置

附图Ⅰ.9　水准仪操作

（9）按【Space】键，视角复位；

（10）按【1】键，切换水准尺 4687 红黑面，自动照准水准仪；

（11）按【2】键，切换水准尺 4787 红黑面，自动照准水准仪。

10. 全站仪操作

全站仪的使用方法，见附图Ⅰ.10。

操作说明：

（1）点击左上角镜头缩放按钮，方便调焦读数；

（2）根据左侧说明操作键盘，软件会产生与说明相应的操作：

①按【W】【S】【A】【D】键，使视野移动；

②按【Q】【E】键，使视野旋转；

③按【J】【L】键，使机身旋转；

④按【Space】键，视野复位到仪器目镜；

附图Ⅰ.10　全站仪操作

（3）鼠标点击机身，使机身快速旋转；

（4）按【F】键退出操作；

（5）鼠标滚轮调节仪器高亮的部件；

（6）鼠标滚轮可调节三脚架旋钮，进而更换三脚架的可调节性。

11. GNSS 设备

1）架设基准站

操作说明：

（1）架设基准站：按【TAB】键或者用鼠标点击右下角【背包】图标，打开【背包】，点击提取【基准站】，提取架设在平面上（见附图Ⅰ.11）；

（2）基准站开机：对准基准站，按【F】键进入操作，长按 RTK 电源键开机。

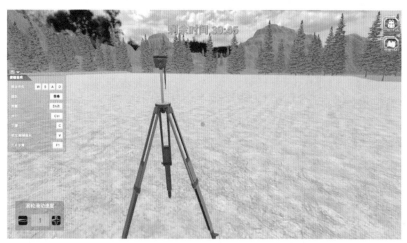

附图Ⅰ.11　架设基准站

2）架设移动站

操作说明：

（1）架设移动站：按【TAB】键或者鼠标点击右下角"背包"图标，打开"背包"，点击提取"移动站"，提取架设在地面上（见附图 Ⅰ.12）；

（2）移动站开机：对准移动站，按【F】键进入操作，长按 RTK 电源键开机；

（3）拾取移动站时，右下角显示碳纤维杆的位置；

（4）左侧可调节滚轮移动速度；

（5）控制点提供自动吸附功能，待测点需手动放置。

附图 Ⅰ.12 架设移动站

3）RTK 操作：新建项目

操作说明：

（1）按【TAB】键或者鼠标点击右下角"背包"图标，打开"背包"，点击选择"手簿"；

（2）新建工程：点击"工程"→"新建工程"，工程命名确定新建工程项目（附图Ⅰ.13）；

（3）设置坐标系统：完成"新建工程"，设置坐标系统并确定。

4）设置基准站

操作说明：

（1）仪器连接：留意基准站顶部编号，按【F1】快捷键打开"手簿"→"配置"→"仪器连接"，点击选择基准站设备编号，并连接（见附图Ⅰ.14）；

（2）仪器设置：连接成功后，返回"配置"→"仪器设置"，点击切换为"基准站设置"，"数据链"设置为"内置电台"；

（3）启动基准站：完成后基准站设置后，点击开启确认。

附图Ⅰ.13　手簿操作面板

附图Ⅰ.14　手簿蓝牙连接

5)设置移动站

操作说明:

(1)仪器连接:留意移动站顶部编号,按【F1】快捷键打开"手簿"→"配置"→"仪器连接",点击选择基准站设备编号连接;若已连接其他设备,优先断开设备再连接。

(2)仪器设置:连接成功后,返回"配置"→"仪器设置",点击切换为"移动站设置"(见附图Ⅰ.15),"数据链"设置为"内置电台"。

(3)数据检测:返回手簿主页,等待 1 秒查看固定解等数据是否刷新。

附图Ⅰ.15 移动站连接

6)求解转换参数

操作说明：

（1）按【R】键拾起移动站，架设至已知点K1上，按【F1】键打开"手簿"→"输入"→"求转换参数"，添加坐标；

①平面坐标：点击"更多获取方式"→"点库获取"，已知点K1坐标数据；

②大地坐标：点击"更多获取方式"→"定位获取"，点名命名后确定；

完成"平面坐标"和"大地坐标"配置后，点击"确定"，添加坐标。

（2）按【R】键拾起移动站，架设至已知点K2上，按"F1"键打开"手簿"→"输入"→"求转换参数"，添加坐标；

①平面坐标：点击"更多获取方式"→"点库获取"，已知点K2坐标数据；

②大地坐标：点击"更多获取方式"→"定位获取"，点名命名后确定；

完成【平面坐标】和【大地坐标】配置后，点击"确定"，添加坐标。

（3）按【R】键拾起移动站，架设至已知点K3上，按"F1"键打开"手簿"→"输入"→"求转换参数"，添加坐标；

①平面坐标：点击"更多获取方式"→"点库获取"，已知点K3坐标数据；

②大地坐标：点击"更多获取方式"→"定位获取"，点名命名后确定；

完成"平面坐标"和"大地坐标"配置后，点击"确定"，添加坐标。

添加3个以上坐标后，点击计算并应用当前参数完成转参操作（见附图Ⅰ.16）。

7)点校正

操作说明：

（1）按【R】键拾起移动站，架设至任一已知点上，按【F1】键打开"手簿"→"输入"→"校正向导"；

（2）配置移动站已知平面坐标，点击"点库获取"，选择当前已知点坐标数据；

（3）已知平面坐标配置完成后，点击"校正"，提示"校正成功"即为完成校正（见附图Ⅰ.17）。

附图Ⅰ.16 求转换参数

附图Ⅰ.17 点校正

8）控制点测量
操作说明：
（1）图根点布设：打开"背包"提取测钉，布设 3 个以上的测钉在场景任意平面上；
（2）图根点测量：按【R】键拾起"移动站"，对布设的 3 个图根点进行逐一测量；
（3）打开"手簿"→"测量"→"控制点测量"→"保存"→"点名命名"→"开始"→保存；
（4）查看数据：打开"手簿"→"输入"→"坐标管理库"查看数据（见附图Ⅰ.18）。

附图Ⅰ.18 图根点测量

二、测绘地理信息智能应用 1+X 证书虚拟仿真考试

软件主界面有 9 个模块,考生可点击考试的模块进入考试,左上角为考生姓名以及考生号(见附图Ⅰ.19)。

附图Ⅰ.19

(1)初级有建筑物监测及土方量计算两个模块。

建筑物监测:是一套用于评价建筑物监测外业人员操作水平的测评系统。系统提供建筑物监测所需的虚拟场景、虚拟仿真仪器,旨在线上低成本测评考生的建筑物监测外业水平。采用虚拟现实技术构建裂缝仪、静力水准仪、全站仪等,提供高精细多维度场景模型，完全仿真线下仪器交互操作，软件附有倾斜监测、裂缝监测、沉降观测、位移监测四个方向，最大限度模拟了仪器的安装以及安装细节，考生在虚拟考场中完成全流程建筑物监测外业项目，后台针对考生项目操作过程中的考核点进行实时记录、评分。

土方量计算：是一套用于评价土方量计算外业人员操作水平的测评系统。系统提供土方量计算所需的虚拟场景、虚拟仿真仪器，旨在线上低成本测评考生的土方量计算外业水平。采用虚拟现实技术构建三维激光扫描仪、全站仪、RTK 等，提供高精细多维度场景模型，完全仿真线下仪器交互操作。考生可选择传统模式、无人机模式、三维激光扫描仪模式进行作业，考生在虚拟考场中完成全流程土方量计算外业项目，后台针对考生项目操作过程中的考核点实时进行记录、评分。

（2）中级有桥梁监测、立面测绘、自然资源普查三大模块。

桥梁监测：是一套用于评价桥梁监测外业人员操作水平的测评系统。系统提供桥梁监测所需的虚拟场景、虚拟仿真仪器，旨在线上低成本测评考生的桥梁监测外业水平。采用虚拟现实技术构建裂缝计、静力水准仪、温湿度传感器、雨量计、风向风速仪等，提供高精细多维度场景模型，创新增加监测云软件，实时监测数据。仪器外形尺寸与真实仪器相同，软件功能与真实仪器相同。考生在虚拟考场中完成全流程桥梁监测外业项目，后台针对考生项目操作过程中的考核点进行实时记录、评分。

立面测绘：是一套用于评价立面测绘外业人员操作水平的测评系统。系统提供立面测绘所需的虚拟场景、虚拟仿真仪器，旨在线上低成本测评考生的立面测绘外业水平。采用虚拟现实技术构建三维激光扫描仪、全站仪、RTK 等，提供高精细多维度场景模型，创新增加点云数据预览功能，可对扫描过程中的点云数据进行实时预览。仪器外形尺寸与真实 SD-1500 相同，软件功能与真实仪器相同。考生在虚拟考场中完成全流程立面测绘外业项目，后台针对考生项目操作过程中的考核点进行实时记录、评分。

自然资源普查：是一套用于评价自然资源普查外业人员操作水平的测评系统。系统提供自然资源普查所需的虚拟场景，包括村庄、河流、湖泊、水库、大坝等，以及虚拟仿真仪器（SF700A 无人机、搭载 5 镜头相机等），旨在线上低成本测评考生的立面测绘外业水平。采用虚拟现实技术构建三维激光扫描仪、全站仪、RTK 等，提供高精细多维度场景模型，创新增加点云数据预览功能，可对扫描过程中的点云数据进行实时预览。仪器外形尺寸与真实 SD-1500 相同，软件功能与真实仪器相同。考生在虚拟考场中完成全流程立面测绘外业项目，后台针对考生项目操作过程中的考核点进行实时记录、评分。

（3）高级有地质灾害监测、数字施工、高精度电子地图、电力线巡查四人模块。

地质灾害监测：是一套用于评价地质灾害监测外业人员操作水平的测评系统。本系统提供地质灾害监测所需的虚拟场景、虚拟仿真仪器，旨在线上低成本测评考生的数字施工外业水平。软件采用虚拟现实仿真技术，模拟地质灾害监测的作业流程，在高精度虚拟场景中对作业流程、作业工具、作业逻辑进行还原，提供一个地质灾害监测作业条件，作业流程主要包括：地表位移监测、深部位移监测，土壤含水率监测等，并对操作过程中的考核点进行规范化评分。还原施工现场，该模块不仅考验仪器安装放置，还需熟练操作打桩系统软件。

数字施工：是一套用于评价数字施工外业人员操作水平的测评系统。本系统提供数字施工所需的虚拟场景、虚拟仿真仪器,旨在线上低成本测评考生的数字施工外业水平。软件采用虚拟现实仿真技术,模拟静力压桩机的作业流程,在高精度虚拟场景中对作业流程、作业工具、作业逻辑进行还原,提供一个数字施工作业条件,作业流程主要包括仪器安装、参数设置、打桩系统应用等。并对操作过程中的考核点进行规范化的评分。还原施工现场,该模块不仅考验仪器安装放置,而且还需熟练操作打桩系统软件。

高精度电子地图:是一套用于评价高精度电子地图制作外业人员操作水平的测评系统。本系统提供高精度电子地图制作所需的虚拟场景、虚拟仿真仪器,旨在线上低成本测评考生的高精度电子地图制作外业水平。软件采用虚拟现实仿真技术,模拟车载三维激光扫描采集高精度地图原始数据作业,在高精度虚拟场景中对作业流程、作业工具、作业逻辑进行还原,提供一个高精度地图原始数据采集条件,作业流程主要包括仪器安装、三维激光扫描仪参数设置、车辆行驶数据采集等,并对采集过程中的考核点进行规范化的评分。

电力线巡查:是一套用于评价电力线巡查外业人员操作水平的测评系统。本系统提供电力线巡查所需的虚拟场景、虚拟仿真仪器(精灵 4 与科卫泰六旋翼无人机,并且六旋翼无人机搭载了激光雷达与摄像头),旨在线上低成本测评考生的高精度电子地图制作外业水平。软件采用虚拟现实仿真技术,模拟机载三维激光扫描采集电塔照片与点云数据,在高精度虚拟场景中对作业流程、作业工具、作业逻辑进行还原,提供一个电力线巡查原始数据采集条件,作业流程主要包括高度踏勘、仪器组装、激光参数设置、航线规划等,并对采集过程中的考核点进行规范化评分。

点击右上角的齿轮按钮,可打开设置,设置包括声音、分辨率、窗口化、清除缓存等效果。

每个考试模块均有练习模式,为熟悉软件,练习模式无法前往考试的场景练习(见附图 I.20)。

附图 I.20

　　进入考试模块后，左侧有按键操作，右上角为小地图，点击右下角"立即开始考试"，倒计时开始(见附图 I.21)。

附图 I.21

　　开始考试后，首先需完成小量理论考试，完成理论考试后方可进入实操环节(见附图 I.22)。

附图 I.22

　　当拿出测钉时，右侧地图下方会显示测钉与墙的步数，测钉与测钉间的步数(立面测绘)(见附图 I.23)。

　　进行扫描时，可实时观看点云成果，点云成果均可导出至本机(见附图 I.24)。

　　通过地图，查看监测考点，点击地图可传送，监测楼栋，开放 1 楼立面以及楼顶作为监测点(建筑物监测)(见附图 I.25)。

附图Ⅰ.23

附图Ⅰ.24

附图Ⅰ.25

考生需查看天气,判断此天气是否适合作业(建筑物监测)(见附图Ⅰ.26)。

附图Ⅰ.26

点击地图左侧的"电脑"按钮,可打开监测云平台(建筑物监测)(见附图Ⅰ.27)。

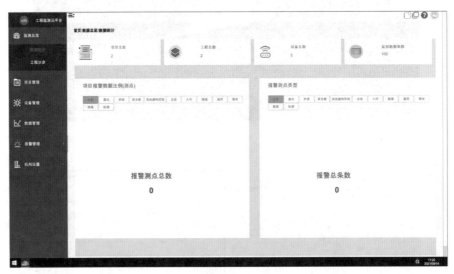

附图Ⅰ.27

场景拥有 7km 的电力线、村庄河流、水库、大坝等,元素丰富(电力线巡查)(见附图Ⅰ.28)。

系统新增无人机跟随视角(电力线巡查)(见附图Ⅰ.29)。还有逼真的桥梁基础与监测仪器(桥梁监测)(见附图Ⅰ.30)。

附图Ⅰ.28

附图Ⅰ.29

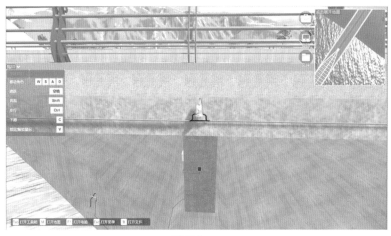

附图Ⅰ.30

平台提供三种设备作业方式，考生可选择自己熟悉的设备进行作业（土方量计算）（见附图Ⅰ.31）。

附图Ⅰ.31

系统模拟矿坑开挖场景，场景内增加挖机、工程车等，提高作业难度（土方量计算）（见附图Ⅰ.32）。

附图Ⅰ.32

智能接线，当工控机靠近天线等设备，接线口自动亮起，点击"接线成功（数字施工）"（见附图Ⅰ.33）。

附图Ⅰ.33

内含 6 个小模块，包括地表位移监测、深部位移监测、土壤含水率监测、地表裂缝监测、降雨量监测、地下水位监测，每个模块的仪器安装均有细节动画展示（地质灾害监测-地下水位监测）（见附图Ⅰ.34）。

附图Ⅰ.34

附录Ⅱ 测量系统移动终端(MSMT)

零基础,30天(线上虚拟仿真20天+线下测量10天),掌握测、算、绘三大测绘技能。

一、测、算、绘三大技能训练方案

如附图Ⅱ.1所示,虚拟仿真测绘技能训练需要使用三种软件:虚拟仿真测绘系统PC机软件、MSMT手机软件、SouthMap数字测图PC机软件。

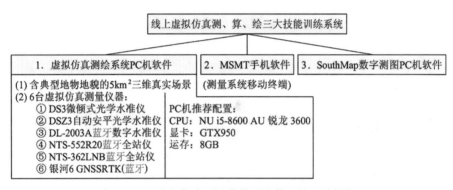

附图Ⅱ.1 虚拟仿真测绘技能训练使用的三种软件

测绘技能包括测量、计算、绘图技能,简称测、算、绘三大技能,使用附图Ⅱ.1的三种软件训练学员测、算、绘三大技能的具体内容如下:

(1)"测量"技能训练:用MSMT的相应程序,蓝牙启动虚拟数字水准仪、全站仪、GNSS-RTK采集观测数据,当使用虚拟光学水准仪时,需要人工读取虚拟光学水准仪视场的水准尺读数,手工输入MSMT水准测量文件的记录手簿。

(2)"计算"技能训练:用MSMT的相应程序,进行单一导线的近似平差计算、平面网的间接平差计算(严密平差)、秩亏自由网平差计算、交通施工测量计算(含隧道超欠挖测量计算)。

(3)"绘图"技能训练:用MSMT的"地形图测绘"程序,蓝牙启动虚拟全站仪或虚拟GNSS-RTK采集碎部点的三维坐标,并赋值源码,在SouthMap展绘MSMT导出的展点文件,实现地物自动分层及其连线。

MSMT手机软件测量、计算、绘图成果都可以通过移动互联网QQ或微信发送给好友,实现移动互联网信息化测量。

1. 虚拟仿真测绘系统 PC 机软件

该软件由含典型地物地貌、面积约为 5km² 的三维真实场景和 6 台虚拟测量仪器组成,用户可以在虚拟场景中,选择一款虚拟测量仪器,按真实的操作步骤进行对中、整平及其读数训练。

2. MSMT 手机软件

MSMT 手机软件的英文全称是 Measuring System Mobile Terminal(测量系统移动终端),如附图Ⅱ.2 所示,其项目主菜单有 28 个程序模块,可以进行测、算、绘三大技能训练,实现移动互联网信息化测量。

附图Ⅱ.2 MSMT 的 28 个程序模块

3. SouthMap 数字测图 PC 机软件

在 AutoCAD 平台技术研发的 GIS 前端数据处理系统,能应用于地形成图、地籍成图、工程测量应用、空间数据建库和更新、市政监管等领域。

二、水准测量技能训练

水准测量技能训练内容包括水准仪粗平的原理与方法,微倾式水准仪管水准气泡居中的原理与方法,厘米分划区格式水准尺读数原理,各等级水准测量的原理与方法。

1. 微倾式光学水准仪测量与读数原理训练

如附图Ⅱ.3 所示,在虚拟仿真测绘系统软件中,安置虚拟 DS3 微倾式水准仪,可以训练以下基础技能:

附图Ⅱ.3 虚拟 DS3 微倾式水准仪圆水准气泡、管水准器符合气泡、望远镜瞄准厘米分划区格式水准尺读数视场

(1)右手大拇指旋转脚螺旋方向为圆水准气泡运动方向,左手食指旋转脚螺旋方向为圆水准气泡运动方向。

(2)完成虚拟水准仪粗平后,旋转微倾螺旋,使管水准气泡双边影像符合。

(3)厘米分划区格式虚拟水准尺的读数原理与方法。

2. 使用光学水准仪进行水准测量及其近似平差训练

(1)在安卓手机启动 MSMT 软件,点击"水准测量"按钮,新建一个光学水准仪、四等水准测量文件,执行最近新建文件的"测量"命令,进入一站水准测量观测界面。

(2)按国家水准测量规范要求的每站观测顺序(后后前前),依次从虚拟水准仪望远镜视场读取相应的读数;使用手机数字键,依次输入观测数据,完成一站水准测量观测后,点击"保存搬站"按钮,进入下一站观测界面。

(3)如果水准测量文件是观测一条闭合或附合水准路线,完成水准路线观测后,在水准测量文件界面点击文件名,在弹出的快捷菜单点击"近似平差",输入闭合或附合水准路线已知点高程,完成近似平差计算。

(4)点击文件名,在弹出的快捷菜单点击"导出 Excel 成果文件"命令,程序在手机内置 SD 卡的工作文件夹生成本文件的 xls 格式成果文件,点击"发送"按钮,通过手机的移动互联网 QQ 或微信发送给好友。

如附图Ⅱ.4 所示 98 站四等水准成果,由学员在虚拟仿真测绘系统操作虚拟 DS3 微倾式水准仪观测并读数,输入 MSMT 水准测量记录表格。98 站闭合水准路线的闭合差为 11mm,这说明虚拟仿真测绘系统的高程系统尺度是正确的,虚拟 DS3 微倾式水准仪达到了仿真效果。附图Ⅱ.5 为导出的 Excel 成果文件案例单一附合水准路线近似平差成果。

①使用 MSMT 手机软件记录水准测量数据的好处是,程序自动按国家水准测量规范的要求对每站观测数据进行测站检核,如果超限,程序给出超限提示,确保了每站观测数据一定符合国家规范要求;②学员在真实场景使用真实光学水准仪测量时,每站记

录计算和导出水准路线测量文件的操作方法是相同的。有效保证了使用虚拟仿真系统训练内容与真实场景测量内容的一致性。

	A	B C	D E	F	G	H	I	J	K	L
1	四等水准测量观测手簿(DS3,上下丝)									
2	测自 gp01 至 gp01 日期：2021/03/21 开始时间：10:52:08 结束时间：18:13:55 天气：晴 成象：清晰									
3	仪器型号：虚拟DS3微倾式水准仪 仪器编号：123456 观测者：20建工2班卓海越 记录员：19造价1班黄国宇									
4	测站编号	后尺 上丝	前尺 上丝	方向及尺号	中丝读数		K+黑-红	高差中数	高差中数累积值∑h(m) 路线长累积值∑d(m) 及保存时间	水准测段统计数据
5		下丝	下丝							
6		后视距	前视距		黑面	红面				
7		视距差d	Σd							
8	1	1626	1498	后尺A	1575	6263	-1		∑h(m)=0.13200	
9		1524	1389	前尺B	1443	6231	-1		∑d(m)=21.1	测段起点名：gp01
10		10.2	10.9	后-前	132	32	0	132	保存时间：2021/03/21/ 10:52	
11		-0.7	-0.7							
12	2	2072	586	后尺B	2035	6824	-2		∑h(m)=1.61500	
13		1999	521	前尺A	553	5240	0		∑d(m)=34.9	
14		7.3	6.5	后-前	1482	1584	-2	1483	保存时间：2021/03/21/ 11:02	
15		0.8	0.1							
16	3	2053	469	后尺A	2024	6711	0		∑h(m)=3.19900	
17		1994	412	前尺B	440	5227	0		∑d(m)=46.5	
18		5.9	5.7	后-前	1584	1484	0	1584	保存时间：2021/03/21/ 11:05	
19		0.2	0.3							
20	4	2649	1501	后尺B	2620	7406	1		∑h(m)=4.35100	
21		2592	1434	前尺A	1467	6155	-1		∑d(m)=58.9	
22		5.7	6.7	后-前	1153	1251	2	1152	保存时间：2021/03/21/ 11:08	
23		-1.0	-0.7							
24	5	2134	1278	后尺A	2106	6794	-1		∑h(m)=5.20450	
25		2080	1227	前尺B	1253	6040	0		∑d(m)=69.4	
26		5.4	5.1	后-前	853	754	-1	853.5	保存时间：2021/03/21/ 11:11	
27		0.3	-0.4							
28	6	1886	1172	后尺B	1850	6637	0		∑h(m)=5.91550	
29		1814	1108	前尺A	1139	5826	0		∑d(m)=83.0	
30		7.2	6.4	后-前	711	811	0	711	保存时间：2021/03/21/ 11:13	
31		0.8	0.4							
32	7	2184	907	后尺A	2103	6791	-1		∑h(m)=7.19050	
33		2023	750	前尺B	829	5615	1		∑d(m)=114.8	
34		16.1	15.7	后-前	1274	1176	-2	1275	保存时间：2021/03/21/ 11:15	
35		0.4	0.8							
392	97	2182	474	后尺A	2071	6758	0		∑h(m)=0.37600	
393		1956	239	前尺B	357	5143	1		∑d(m)=2028.3	
394		22.6	23.5	后-前	1714	1615	-1	1714.5	保存时间：2021/03/21/ 18:12	
395		-0.9	-1.5							
396	98	1492	1875	后尺B	1320	6108	-1		∑h(m)=-0.01100	测段终点名：gp01
397		1150	1538	前尺A	1708	6394	1		∑d(m)=2096.2	测段高差h(m) =36.7695
398		34.2	33.7	后-前	-388	-286	-2	-387	保存时间：2021/03/21/ 18:13	测段水准路线长L(m)
399		0.5	-1.0							=679.7

水准测量观测手簿 / 近似平差L / 近似平差n

附图Ⅱ.4 导出的 Excel 成果文件“水准测量观测手簿”选项卡的内容

	A	B	C	D	E	F
1	单一水准路线近似平差计算(按路线长L平差)					
2	点名	路线长L(km)	高差h(m)	改正数V(mm)	h+V(m)	高程H(m)
3	gp01	0.3858	-6.5695	2.0245	-6.5675	43.7200
4	08	0.3046	-29.5970	1.5984	-29.5954	37.1525
5	09	0.2025	-11.1415	1.0626	-11.1404	7.5571
6	10	0.5236	10.5275	2.7476	10.5302	-3.5833
7	11	0.6797	36.7695	3.5668	36.7731	6.9469
8	gp01					43.7200
9	∑	2.0962	-0.0110	11.0000		43.7200
10	闭合差	-11.0000				
11	限差(mm)	平原:28.9565				

水准测量观测手簿 / 近似平差L / 近似平差n

	A	B	C	D	E	F
1	单一水准路线近似平差计算(按测站数n平差)					
2	点名	测站数n	高差h(m)	改正数V(mm)	h+V(m)	高程H(m)
3	gp01	24	-6.5695	2.6939	-6.5668	43.7200
4	08	22	-29.5970	2.4694	-29.5945	37.1532
5	09	8	-11.1415	0.8980	-11.1406	7.5587
6	10	18	10.5275	2.0204	10.5295	-3.5819
7	11	26	36.7695	2.9184	36.7724	6.9476
8	gp01					43.7200
9	∑	98	-0.0110	11.0000		43.7200
10	闭合差fh(mm)	-11.0000				

水准测量观测手簿 / 近似平差L / 近似平差n

附图Ⅱ.5 导出的 Excel 成果文件“近似平差 L”和“近似平差 n”选项卡的内容

3. 使用虚拟 DL-2003A 数字水准仪进行水准测量及其近似平差训练

如附图Ⅱ.6 所示：

(1)在 MSMT 主菜单点击“水准测量”按钮，新建一个数字水准仪、一等水准测量文件，执行最近新建文件的“测量”命令，进入一站水准测量观测界面。

(2)点击粉红色“蓝牙读数”按钮，完成手机与虚拟 DL-2003A 数字水准仪的蓝牙连接后，变成蓝色“蓝牙读数”按钮，并返回测量界面。

(3)使虚拟 DL-2003A 数字水准仪瞄准后视虚拟条码尺，点击“蓝牙读数”按钮，蓝牙启动虚拟 DL-2003A 测量，测量结果自动填入水准测量记录表格的相应栏；完成一站水准测量观测后，点击"保存搬站"按钮，进入下一站观测界面。完成水准路线测量后，点击"结束测段"按钮，返回文件列表界面。

(4)点击文件名，在弹出的快捷菜单中点击"导出 Excel 成果文件"命令，程序在手机内置 SD 卡的工作文件夹生成本文件的 xls 格式成果文件，点击"发送"按钮，通过手机的移动互联网 QQ 或微信发送给好友。

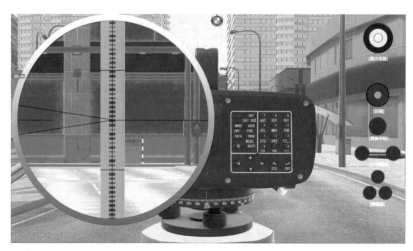

附图Ⅱ.6　虚拟 DL-2003A 数字水准仪圆水准气泡、管水准器符合气泡、望远镜瞄准条码水准尺视场

附图Ⅱ.7 为导出 14 站一等水准观测手簿选项卡内容，是由学员在虚拟仿真测绘系统操作虚拟 DL-2003A 数字水准仪照准虚拟条码尺，操作 MSMT 水准测量程序蓝牙启动虚拟 DL-2003A 数字水准仪读数，程序自动记入观测表格。14 站闭合水准路线的闭合差为 0.259mm 说明：虚拟仿真测绘系统的高程系统尺度正确，虚拟 DL-2003A 数字水准仪达到了仿真效果。

①与虚拟光学水准仪比较，使用虚拟数字水准仪 DL-2003A 测量时，每次观测只需点击"蓝牙读数"按钮即可自动提取观测数据；②与学员在真实场景使用实物 DL-2003 数字水准仪观测时，其操作方法是相同的。

三、全站仪测量技能训练

全站仪测量技能训练内容包括激光对中全站仪的安置方法、水平角观测方法、垂直角观测方法、坐标测量方法、坐标放样方法。

1. 激光对中虚拟全站仪安置训练

(1)粗对中：在测点上方放置三脚架，使三脚架头平面基本水平，将虚拟全站仪放置在架头平面，旋紧中心螺旋，打开虚拟全站仪电源，再打开虚拟全站仪的对中激光，平移三脚架，使激光基本对准地面点。

(2)精对中：旋转脚螺旋，激光精确对准地面点。

	A	B	C	D	E	F	G	H	I	J
1	一等水准测量观测手簿									
2	测自　GP01　至　GP01　　日期：2021/03/24　　开始时间：16:16:59　　结束时间：16:48:50　　天气：晴　　成象：清晰									
3	测量方向：往测　　温度：24　　云量：多云　　风向风速：东 0级(无风0~0.2m/s)　　道路土质：坚实土　　太阳方向：前									
4	仪器型号：虚拟仿真DL-2003A数字水准仪 仪器编号：A123456　观测者：19级建筑工程4班陈润锋 记录员：19级建筑工程4班陈培铭									
5–6	、	后尺	前尺	方向及尺号	中丝读数		一次减二次	高差中数	高差中数累积值∑h(m) 路线长累积值∑d(m) 及保存时间	水准测段统计数据
7		后视距	前视距		一次	二次				
8		视距差d	Σd							
9	1			后尺A	1.07077	1.07076	0.10		∑h(m)=-0.286039 ∑d(m)=21.407 保存时间：2021/03/24/ 16:16	测段起点名：GP01
10				前尺B	1.35681	1.356797	0.13			
11		11.083	10.324	后-前	-0.286040	-0.286037	-0.03	-0.286039		
12		0.759	0.759							
13	2			后尺B	0.383753	0.38376	-0.07		∑h(m)=-1.529229 ∑d(m)=58.002 保存时间：2021/03/24/ 16:21	测段中间点名：GP02 测段高差h(m) =-1.529229 测段水准路线长L(m) =58.002 测段站数n = 2
14				前尺A	1.626947	1.626947	0.00			
15		18.411	18.184	后-前	-1.243194	-1.243187	-0.07	-1.243190		
16		0.227	0.986							
17	3			后尺A	1.505377	1.505297	0.80		∑h(m)=-1.671837 ∑d(m)=86.121 保存时间：2021/03/24/ 16:23	
18				前尺B	1.647943	1.647947	-0.04			
19		14.487	13.632	后-前	-0.142566	-0.142650	0.84	-0.142608		
20		0.855	1.841							
21	4			后尺B	1.021637	1.021643	-0.06		∑h(m)=-2.019794 ∑d(m)=109.669 保存时间：2021/03/24/ 16:25	
22				前尺A	1.369603	1.36959	0.13			
23		12.259	11.289	后-前	-0.347966	-0.347947	-0.19	-0.347957		
24		0.970	2.811							
25	5			后尺A	1.43446	1.434463	-0.03		∑h(m)=-2.141636 ∑d(m)=152.993 保存时间：2021/03/24/ 16:29	
26				前尺B	1.556307	1.5563	0.07			
27		21.232	22.092	后-前	-0.121847	-0.121837	-0.10	-0.121842		
28		-0.860	1.951							
29	6			后尺B	1.257683	1.257693	-0.10		∑h(m)=-2.197233 ∑d(m)=186.509 保存时间：2021/03/24/ 16:34	测段中间点名：GP02 测段高差h(m) =-0.668004 测段水准路线长L(m) =128.507 测段站数n = 4
30				前尺A	1.31328	1.31329	-0.10			
31		16.773	16.743	后-前	-0.055597	-0.055597	0.00	-0.055597		
32		0.030	1.981							
33	7			后尺A	1.521347	1.521337	0.10		∑h(m)=-2.158264 ∑d(m)=207.272 保存时间：2021/03/24/ 16:35	
34				前尺B	1.48237	1.482377	-0.07			
35		10.419	10.344	后-前	0.038977	0.038960	0.17	0.038969		
36		0.075	2.056							
37	8			后尺B	1.424253	1.42427	-0.17		∑h(m)=-2.201903 ∑d(m)=238.298 保存时间：2021/03/24/ 16:37	测段中间点名：GP03 测段高差h(m) =-0.004670 测段水准路线长L(m) =51.789 测段站数n = 2
38				前尺A	1.467897	1.467903	-0.06			
39		15.337	15.689	后-前	-0.043644	-0.043633	-0.11	-0.043639		
40		-0.352	1.704							
41	9			后尺A	1.498207	1.498093	1.14		∑h(m)=-2.151466 ∑d(m)=284.104 保存时间：2021/03/24/ 16:39	
42				前尺B	1.447727	1.4477	0.27			
43		22.904	22.902	后-前	0.050480	0.050393	0.87	0.050436		
44		0.002	1.706							
45	10			后尺B	1.520663	1.520653	0.10		∑h(m)=-1.982673 ∑d(m)=328.092 保存时间：2021/03/24/ 16:42	
46				前尺A	1.35187	1.35186	0.10			
47		22.088	21.9	后-前	0.168793	0.168793	0.00	0.168793		
48		0.188	1.894							
49	11			后尺A	1.77096	1.770957	0.03		∑h(m)=-1.189825 ∑d(m)=349.000 保存时间：2021/03/24/ 16:43	
50				前尺B	0.978117	0.978103	0.14			
51		10.699	10.209	后-前	0.792843	0.792854	-0.11	0.792849		
52		0.490	2.384							
53	12			后尺B	1.656977	1.656997	-0.20		∑h(m)=-0.072354 ∑d(m)=363.737 保存时间：2021/03/24/ 16:45	
54				前尺A	0.539483	0.53955	-0.67			
55		7.205	7.532	后-前	1.117494	1.117447	0.47	1.117470		
56		-0.327	2.057							
57	13			后尺A	1.360323	1.360313	0.10		∑h(m)=0.054577 ∑d(m)=378.885 保存时间：2021/03/24/ 16:48	
58				前尺B	1.23338	1.233393	-0.13			
59		7.298	7.85	后-前	0.126943	0.126920	0.23	0.126932		
60		-0.552	1.505							
61	14			后尺B	1.258843	1.258843	0.00		∑h(m)=0.000259 ∑d(m)=394.990 保存时间：2021/03/24/ 16:48	测段终点名：GP01 测段高差h(m) =2.202162 测段水准路线长L(m) =156.692 测段站数n = 6
62				前尺A	1.313163	1.31316	0.03			
63		8.127	7.978	后-前	-0.054320	-0.054317	-0.03	-0.054319		
64		0.149	1.654							

水准测量观测手簿 / 近似平差L / 近似平差n

附图Ⅱ.7　导出的 Excel 成果文件“水准测量观测手簿”选项卡的内容

(3)粗平：伸缩脚架腿，使虚拟全站仪圆水准气泡居中。

(4)精平：旋转照准部，使照准部管水准气泡与一对脚螺旋平行，旋转脚螺旋使照准部管水准气泡居中，规律是：右手大拇指旋转脚螺旋方向为管水准气泡运动方向，或左手食指旋转脚螺旋方向为管水准气泡运动方向。旋转照准部 90°用另一个脚螺旋居中照准部管水准气泡。

(5)再次精对中：松开中心螺旋，平移虚拟全站仪，使对中激光精确对准测点中心。

2. 虚拟全站仪测回法水平角观测训练

在 MSMT 手机软件主菜单点击“水平角观测”按钮，新建一个测回法水平角观测文件并进入文件测量界面,如附图Ⅱ.8所示。

(1)在测站点安置虚拟全站仪 NTS-552,盘左瞄准 P1 点棱镜中心,设置水平盘读数为 0°00′30″,在手机上点击粉红色"蓝牙读数"按钮,完成手机与虚拟全站仪 NTS-552 的蓝牙连接,再点击蓝色"蓝牙读数"按钮,提取虚拟全站仪的水平盘读数,点击"下一步"按钮。

(2)盘左瞄准 P2 点棱镜中心,在手机上点击"蓝牙读数"按钮,提取虚拟全站仪的水平盘读数,点击"下一步"按钮。

(3)盘右瞄准 P2 点棱镜中心,在手机上点击"蓝牙读数"按钮,提取虚拟全站仪的水平盘读数,点击"下一步"按钮。

(4)盘右瞄准 P1 点棱镜中心,在手机上点击"蓝牙读数"按钮,提取虚拟全站仪的水平盘读数,点击"下一步"按钮;点击"蓝牙读数"按钮,启动虚拟全站仪测距并提取平距值。

(5)盘右瞄准 P2 点棱镜中心,点击"蓝牙读数"按钮,启动虚拟全站仪测距并提取平距值。

附图Ⅱ.8　虚拟 NTS-552 全站仪圆水准气泡、管水准器符合气泡、望远镜瞄准棱镜视场

完成测回法第一测回观测后,在测量界面点击"+"按钮,可新增第二测回观测界面,操作方法同上。点击手机退出键,返回水平角观测文件列表界面;点击文件名,在弹出的快捷菜单中点击"导出 Excel 成果文件"命令,点击"发送"按钮,通过手机移动互联网 QQ 或微信发送给好友。附图Ⅱ.9 为测回法观测 4 方向两测回导出的 .xls 成果文件。

	A	B	C	D	E	F	G	H	I
1					测回法水平角观测手簿				
2	测站点名: E304 观测员: 王贵满 记录员: 林培效 观测日期: 2020年09月17日								
3	全站仪型号: 南方NTS-362R8LNB 出厂编号: S131805 天气: 晴 成像: 清晰								
4	测回数	觇点	盘左	盘右	水平距离	2C	平均值	归零值	各测回平均值
5			(° ′ ″)	(° ′ ″)	(m)	(″)	(° ′ ″)	(° ′ ″)	(° ′ ″)
6	1测回	P1	0 00 29	180 00 37	137.029	-8	0 00 33	0 00 00	
7		P2	63 32 08	243 32 18	92.675	-10	63 32 13	63 31 40	
8		P3	95 04 40	275 04 42	22.000	-1	95 04 41	95 04 08	
9		P4	138 12 10	318 12 04	278.000	+5	138 12 07	138 11 34	
10	2测回	P1	90 00 29	270 00 40	137.028	-11	90 00 34	0 00 00	0 00 00
11		P2	153 32 17	333 32 27	92.675	-10	153 32 22	63 31 48	63 31 44
12		P3	185 04 39	5 04 44	22.278	-5	185 04 42	95 04 07	95 04 07
13		P4	228 12 12	48 12 09	57.981	+2	228 12 11	138 11 36	138 11 35

附图Ⅱ.9 导出 Excel 成果文件"水平角观测手簿"选项卡的内容

手机蓝牙提取虚拟全站仪各方向水平盘读数到文件的观测表格、启动虚拟全站仪测距并提取平距值到文件的观测表格,完成观测后,导出观测文件的 .xls 成果文件,并通过手机移动互联网 QQ 或微信发送给好友。

3. 虚拟全站仪全圆方向法水平角观测训练

在 MSMT 手机软件主菜单点击"水平角观测"按钮,新建一个全圆方向法水平角观测文件并进入文件测量界面。

以观测四个点为例,操作虚拟全站仪盘左观测顺序为 A→B→C→D→A,盘右观测顺序为 A→D→C→B→A,其余操作方法与测回法相同。

4. 虚拟全站仪垂直角观测训练

在 MSMT 手机软件主菜单点击"竖直角观测"按钮,新建一个垂直角观测文件并进入文件测量界面。

(1)盘左分别瞄准 P1、P2、P3、P4 点棱镜中心,点击"蓝牙读数"按钮,提取竖盘读数,点击"下一步"按钮。

(2)盘右分别瞄准 P4、P3、P2、P1 点棱镜中心,点击"蓝牙读数"按钮,提取竖盘读数,点击"下一步"按钮。盘右观测最后一点 P1 点时,再次点击"蓝牙读数"按钮,启动虚拟全站仪测距,提取平距值。

(3)盘右分别瞄准 P2、P3、P4 点棱镜中心,点击"蓝牙读数"按钮,启动虚拟全站仪测距,提取平距值。附图Ⅱ.10 为观测 4 个方向垂直角一测回导出的 xls 成果文件。

	A	B	C	D	E	F	G	H	I	J
1					竖直角观测手簿					
2	测站点名: E304 仪器高: 1.555m 观测员: 王贵满 记录员: 李飞 观测日期: 2020年09月18日									
3	全站仪型号: 南方NTS-362R8LNB 出厂编号: S131805 天气: 晴 成像: 清晰									
4	测回数	觇点	盘左	盘右	水平距离	觇高	指标差	竖直角	各测回平均值	高差
5			(° ′ ″)	(° ′ ″)	(m)	(m)	(″)	(° ′ ″)	(° ′ ″)	(m)
6	1测回	P1	92 53 08	267 07 03	137.027	1.720	+5	-2 53 02	-2 53 02	-7.068
7		P2	82 57 27	277 02 43	92.673	1.580	+5	7 02 38	7 02 38	11.426
8		P3	78 00 25	281 59 45	22.277	1.650	+5	11 59	11 59 40	4.638
9		P4	85 18 23	274 41 50	57.981	1.760	+6	4 41 44	4 41 44	4.557

附图Ⅱ.10 导出 MS-Excel 成果文件"垂直角观测手簿"选项卡的内容

手机蓝牙提取虚拟全站仪各方向竖盘读数到文件的观测表格,启动虚拟全站仪测距并提取平距值到文件的观测表格,完成观测后,导出观测文件的 xls 成果文件,并通过手机移动互联网 QQ 或微信发送给好友。

四、SouthMap 数字测图软件源码识别数字测图训练

1. MSMT 蓝牙启动虚拟全站仪 NTS-552 采集碎部点坐标并赋源码、注记与连线码训练

设附图Ⅱ.11 为某测区虚拟三维场景数字地形图,共有 216 个碎部点。在 G8 点安置全站仪,分别采集 1~60 号碎部点的坐标;在 G16 点安置全站仪,分别采集 61~75 号碎部点的坐标;在 G10 点安置全站仪,分别采集 76~198 号碎部点的坐标;在 G9 点安置全站仪,分别采集 199~216 号碎部点的坐标。可以新建"G8 数字测图 210613_1"文件采集 216 个碎部点的坐标,也可以为每个测站点新建一个数字测图文件,每个新建数字测图文件的碎部点起始点号应与前一个文件的点号保持连续。

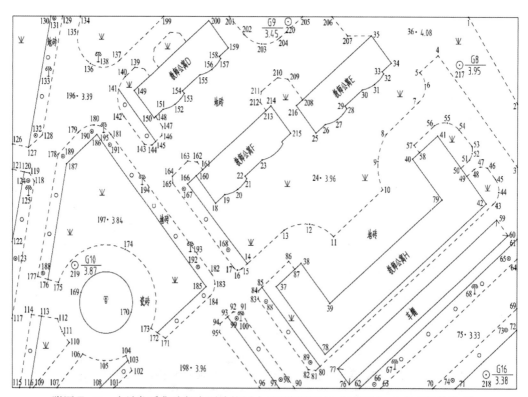

附图Ⅱ.11　全站仪采集碎部点测绘校园小区地形图(216 个碎部点+4 个三级导线点)

1)MSMT 蓝牙启动虚拟全站仪 NTS-552 测量碎部点三维坐标并赋源码案例

在 MSMT 手机软件主菜单点击"地形图测绘"按钮,新建一个数字测图文件并进入文件测量界面,[见附图Ⅱ.12(a)],完成手机与虚拟全站仪 NTS-552 蓝牙连接[见附图Ⅱ.12(b)],在 1 号碎部点安置棱镜对中杆,使虚拟全站仪 NTS-552 瞄准 1 号碎部点的

棱镜中心，点击"蓝牙读数"按钮，蓝牙启动虚拟全站仪 NTS-552 测量碎部点的三维坐标，系统缺省设置的编码字符为"+"，它为自动与前一点连线的操作码。

附图Ⅱ.12　新建一个数字测图文件

1 号碎部点为校园内部道路，点击 1 号碎部点"地物类型"栏，在屏幕左侧弹出的快捷菜单点击"线面状地物"，在展开的菜单中点击"4.4 交通"[见附图Ⅱ.13(b)]，进入线面状地物"4.4 交通"源码菜单，共有 5 页菜单 131 种线面状地物源码按钮，向左滑动菜单屏幕至第 2 页，点击"内部道路"按钮[见附图Ⅱ.13(c)]，为 1 号碎部点编码赋值"164400&L"[见附图Ⅱ.13(d)]。其中，"164400"为 SouthMap 定制的"内部道路"源码，&L 表示用直线连接其后的碎部点。

2)MSMT 地形图测绘程序源码、注记与连线码说明

MSMT 地形图测绘程序严格按国家 2017 版地形图图式的章节号编排地物与地貌源码按钮，包括八种点状地物与地貌源码菜单、七种线面状地物与地貌源码菜单，以及注记与连线码菜单。

3)导出数字测图文件的坐标展点文件

在"G8 数字测图 210613_1"文件完成 216 个碎部点三维坐标采集与赋编码操作后，在 MSMT 返回地形图测绘文件列表界面，点击文件名，在弹出的快捷菜单点击"导出 SouthMap 源码识别文件"命令，通过移动互联网发送给好友。

4)在 SouthMap 执行源码识别命令展绘碎部点坐标文件

在 PC 机启动 SouthMap 数字测图软件，执行"绘图处理/源码识别"下拉菜单命令(见附图Ⅱ.14 左图)，在命令行输入测图比例尺分母值(缺省设置为 1∶500)，在弹出的"选择文件"对话框选择"G8 数字测图 210628_1.txt"文件，鼠标左键点击"打开"按钮，SouthMap 从该文件读入数据并根据编码自动分层、自动连线、自动注记绘制地形图。

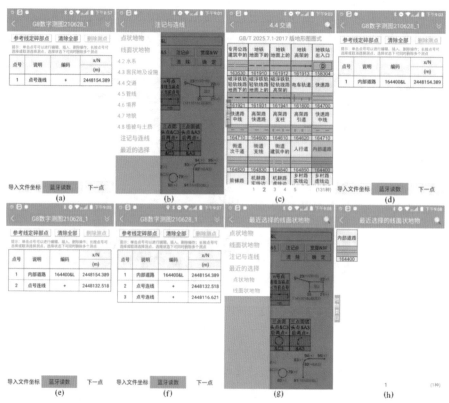

附图Ⅱ.13 分别测量1，2，3号碎部点的三维坐标并赋源码及连线码

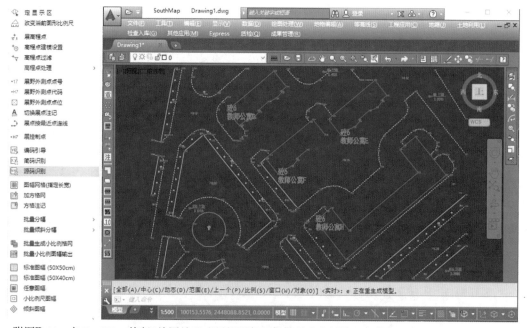

附图Ⅱ.14 在 SouthMap 执行"绘图处理/源码识别"下拉菜单命令展绘"G8 数字测图 210628_1.txt"文件

2. 蓝牙提取虚拟 GNSS-RTK 采集碎部点坐标并赋源码、注记与连线训练

使用虚拟全站仪测量碎部点的三维坐标，存在通视问题，因此，要完成一幅数字地形图的测绘，需要在测区设置多个测站。使用虚拟 GNSS-RTK 测量碎部点的坐标，因不存在通视问题，可以先将一个地物的特征点全部采集完。

五、控制网平差训练

1. 任意水准网间接平差(严密平差)训练

使用虚拟水准仪完成水准测量观测后，在 MSMT 导出水准路线观测 Excel 成果文件，绘制观测略图，案例如附图Ⅱ.15 所示。

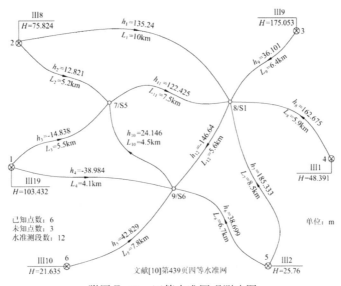

附图Ⅱ.15　四等水准网观测略图

在 MSMT 主菜单，点击"水准网平差"按钮，新建一个水准网平差文件，输入如附图Ⅱ.15 所示的已知数据和观测数据，点击"计算"按钮，导出该水准网平差文件的 Excel 成果文件，结果如附图Ⅱ.16 所示。

	A	B	C	D	E	F
1	水准网间接平差(严密平差)计算成果					
2	水准等级：一等　　已知点数：6　　未知点数：3　　测段高差数：12					
3	1、水准测段高差观测值及其平差值					
4	测段号	测段起讫点号	路线长L(km)	高差h(m)	改正数v(mm)	高差平差值(m)
5	1	2→8	10.0000	135.2400	25.9069	135.2659
6	2	2→7	5.2000	12.8210	-21.0739	12.7999
7	3	1→7	5.5000	-14.8380	29.9261	-14.8081
8	4	1→9	4.1000	-38.9840	11.5857	-38.9724
9	5	5→9	7.8000	42.8290	-4.4143	42.8246
10	6	5→9	6.7000	38.6990	0.5857	38.6996
11	7	5→8	8.5000	185.3330	-3.0931	185.3299
12	8	4→8	5.9000	162.6750	23.9069	162.6989
13	9	3→8	6.4000	36.1010	-64.0931	36.0369
14	10	9→7	4.5000	24.1460	18.3404	24.1643
15	11	7→8	7.5000	122.4250	40.9808	122.4660
16	12	8→9	5.6000	-146.6400	9.6788	-146.6303

	A	B	C	D	E	F
17	2、未知点高程平差成果					
18	点号	点名	高程H(m)	中误差(mm)		
19	1	Ⅲ19	103.4320	已知点		
20	2	Ⅲ8	75.8240	已知点		
21	3	Ⅲ9	175.0530	已知点		
22	4	Ⅲ1	48.3910	已知点		
23	5	Ⅲ2	25.7600	已知点		
24	6	Ⅲ10	21.6350	已知点		
25	7	S5	88.6239	15.64		
26	8	S1	211.0899	14.20		
27	9	S6	64.4596	14.00		
28	3、验后单位权中误差：m0=±12.50(mm/km)					

附图Ⅱ.16　导出的 Excel 成果文件"水准网间接平差"选项卡内容

2. 单一导线近似平差训练

MSMT 的"平面网平差"程序,可以进行单一导线的近似平差计算,任意导线网、三角网、边角网、测边网的间接平差计算。选择单一导线近似平差计算时,单一导线的类型可以是闭合导线、附合导线、单边无定向导线、双边无定向导线、支导线,其中支导线只计算坐标,不存在平差问题。

使用虚拟全站仪完成单一导线的水平角和平距观测后,在 MSMT 导出水平角和平距观测 Excel 成果文件,绘制观测略图。如附图Ⅱ.17 所示的二级闭合导线需要分别在虚拟仿真测绘系统的 KZ3,P1,P2,P3 等四点安置虚拟 NTS-552 全站仪进行水平角和平距测量,由学员操作虚拟 NTS-552 全站仪照准虚拟棱镜,操作 MSMT 手机软件水平角观测程序,蓝牙启动虚拟 NTS-552 全站仪测量并自动提取读数获得,完成全部 4 站水平角观测后,分别导出 4 个水平角观测文件的 Excel 成果文件,再根据成果文件绘制如附图Ⅱ.17 所示的观测略图。

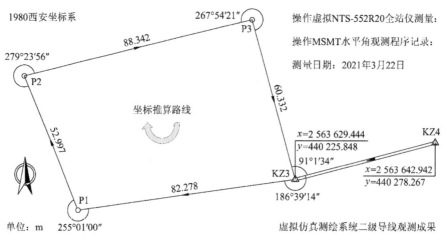

附图Ⅱ.17 在虚拟仿真测绘系统观测含 3 个未知点的二级闭合导线略图

在 MSMT 主菜单(见附图Ⅱ.2),点击"平面网平差"按钮,新建一个单一闭合导线近似平差文件,输入如附图Ⅱ.17 所示的已知数据和观测数据,点击"计算"按钮,导出该水准网平差文件的 Excel 成果文件,结果如附图Ⅱ.18 所示。

	A	B	C	D	E	F	G	H	I	J	K	L	M	N
1							二级闭合导线计算成果							
2	测量员, 19级建筑工程技术4班培锐 记录员, 19级装饰工程技术4班 付仁志 成像, 清晰 天气, 晴 仪器型号, 虚拟NTS-552全站仪 仪器编号, 133971													
3	点名	水平角β	水平角β	水平角β	导线边方位角	平距D(m)	坐标增量		坐标增量改正数		改正后坐标增量		坐标平差值	
4		+左角/右角	改正数vβ	平差值			Δx(m)	Δy(m)	δΔx(m)	δΔy(m)	Δx(m)	Δy(m)	x(m)	y(m)
5	KZ4				255°33'35.73"								2563642.9420	440278.2670
6	KZ3	186°39'14.00"	-1.00"	186°39'13.00"	262°12'48.73"	82.2780	-11.1471	-81.5194	-0.0008	-0.0013	-11.1479	-81.5207	2563629.4440	440225.8480
7	P1	255°1'0.00"	-1.00"	255°0'59.00"	337°13'47.73"	52.9970	48.8667	-20.5116	-0.0005	-0.0009	48.8662	-20.5125	2563618.2961	440144.3273
8	P2	279°23'56.00"	-1.00"	279°23'55.00"	76°37'42.73"	88.3420	20.4303	85.9472	-0.0008	-0.0015	20.4295	85.9457	2563667.1624	440123.8148
9	P3	267°54'21.00"	-1.00"	267°54'20.00"	164°32'2.73"	60.3320	-58.1473	16.0884	-0.0006	-0.0009	-58.1479	16.0875	2563687.5919	440209.7605
10	KZ3	91°1'34.00"	-1.00"	91°1'33.00"	75°33'35.73"		ΣΔx	ΣΔy	ΣδΔx	ΣδΔy	ΣΔx	ΣΔy	2563629.4440	440225.8480
11	KZ4	Σvβ	-5.00"			283.9490	0.0026	0.0046	-0.0027	-0.0046	-1E-04	-7.1E-15	2563642.9420	440278.2670
12		角度闭合差β		全长闭合差f(m)相对全长相对闭合差			平均边长(m)	fx(m)	fy(m)						
13		5.00"		0.0052	1/54732		70.9873	0.0025	0.0046					

附图Ⅱ.18 成果文件"二级闭合导线_1.xls"内容

由附图Ⅱ.17可知，该闭合导线的角度闭合差为5″，全长相对闭合差为1/54732，这说明：虚拟仿真测绘系统的平面模型尺度正确，虚拟 NTS-552 全站仪也达到了仿真效果。

3. 任意导线网间接平差训练

使用虚拟全站仪完成任意导线网的水平角和平距观测后，在 MSMT 导出水平角和平距观测 Excel 成果文件，绘制观测略图，案例如附图Ⅱ.19 所示。

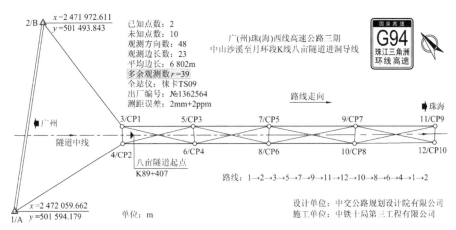

附图Ⅱ.19　广(州)珠(海)西线高速公路三期中山沙溪至月环段 K 线八亩隧道进洞双侧导线观测略图

在如附图Ⅱ.2 所示的 MSMT 主菜单，点击"平面网平差"按钮，新建一个导线网间接平差文件，输入附图Ⅱ.19 所示的已知数据和观测数据，点击"计算"按钮，导出该水准网平差文件的 Excel 成果文件，结果如附图Ⅱ.20 所示。

	A	B	C	D	E	F	G	H
1			一级导线网间接平差(严密平差)计算成果					
2	测量员：中铁十局三公司		记录员：中铁十局三公司		成像：清晰		天气：晴	
3	仪器型号：徕卡TS09		仪器编号：1362564		日期：2020-12-28 20:36:09			
4			1、已知点坐标、全站仪标称测距误差、验后单位权中误差					
5	点号	点名	x(m)	y(m)	全站仪测距误差			
6	1	A	2472059.6620	501594.1790	a0(mm)	b0(mm)		
7	2	B	2471972.6110	501493.8430	2.00	2.00		
8					多余观测数	两次验后单位权中误差		
9					r	m01(s)	m02(s)	
10					39	2.7414	2.2128	
11			2、未知点近似坐标推算路线及其闭合差					
12	路线1：1→2→3→5→7→9→11→12→10→8→6→4→1→2							
13	路	fx(m)	fy(m)	f(m)	∑S(m)	平均边长	f/∑S	fβ(s)
14	1	-0.0057	-0.0003	0.0057	641.9570	58.3597	1/112343	4.00
15			3、未知点坐标成果及其误差椭圆元素					
16	点	点名	x(m)	y(m)	长半轴(cm)	短半轴(cm)	长轴方位角	
17	3	CP1	2472064.2300	501496.9841	0.1113	0.0872	35°07'55.75"	
18	4	CP2	2472073.6819	501504.3892	0.1127	0.0844	63°24'17.54"	
19	5	CP3	2472096.7998	501458.1992	0.1584	0.1163	45°42'10.09"	
20	6	CP4	2472106.7377	501465.0254	0.1609	0.1169	52°03'26.55"	
21	7	CP5	2472131.7890	501416.5334	0.2231	0.1438	42°56'55.42"	
22	8	CP6	2472140.7430	501424.5309	0.2238	0.1434	48°07'06.52"	
23	9	CP7	2472171.5751	501369.0403	0.3090	0.1673	41°17'01.98"	
24	10	CP8	2472180.3383	501377.3794	0.3088	0.1667	45°24'57.17"	
25	11	CP9	2472208.5901	501325.0758	0.3984	0.1879	40°49'35.37"	
26	12	CP10	2472216.9433	501332.7325	0.3982	0.1874	43°40'35.75"	

|◄ ◄ ► ►|\坐标/方向值/边长值/未知点坐标协因数矩阵/

附图Ⅱ.20　导出的 Excel 成果文件"坐标"选项卡内容

六、线上虚拟仿真培训安排

线上虚拟仿真测、算、绘三大技能训练学时分配见附表Ⅱ.1。

附表Ⅱ.1　线上虚拟仿真测、算、绘三大技能训练学时分配(共20天，8学时/天，共160学时)

序	题目/天数	培训内容	考核内容与方法
1	虚拟 DS3 微倾式光学水准仪测量技能训练/2 天	微倾式水准仪测量原理，安置方法，区格式木质水准尺黑红面注记原理，读数原理，三、四等水准测量限差及其观测方法	2 人一组，在虚拟仿真测绘系统，按教师统一布设的水准路线，测量一个四等闭合水准路线，用 MSMT 水准测量程序记录并完成近似平差，导出 Excel 成果文件，移动互联网发送至培训教师指定的 QQ 地址
2	虚拟 DL-2003A 精密数字水准仪测量技能训练/1 天	虚拟 DL-2003A 精密数字水准仪中丝读数位数设置方法，蓝牙读数设置方法一、二等水准测量限差及其观测方法	2 人一组，在虚拟仿真测绘系统，按教师统一布设的水准路线，测量一个二等闭合水准路线，用 MSMT 水准测量程序记录并完成近似平差，导出 Excel 成果文件，移动互联网发送至培训教师指定的 QQ 地址
3	虚拟 NTS-552R20 全站仪测量技能训练/3 天	全站仪激光对中整平方法，水平角测量原理，垂直角测量原理，坐标测量原理，NTS-552R20 全站仪"测绘之星/测量"程序五种模式的使用方法：角度、距离、坐标、点放样、文件	①2 人一组，在虚拟仿真测绘系统，按教师统一布设的单一闭合导线设站，用 MSMT 水平角观测程序测量导线的水平角与平距并导出文件的 Excel 成果文件；②绘制导线略图，从 Excel 文件摘取导线观测数据，用 MSMT 平面网平差程序/近似平差对观测的单一闭合导线进行近似平差计算并导出文件的 Excel 成果文件；③2 人一组，在虚拟仿真测绘系统，按教师统一布设的单一闭合导线设站，使用 MSMT 垂直角观测程序测量导线的垂直角与平距并导出文件的 Excel 成果文件
4	虚拟 NTS-552R20 全站仪数字测图训练/3 天	虚拟 NTS-552R20 全站仪建站的原理，坐标测量原理 SouthMap 数字测图软件基本操作方法，地物和地貌的定义，独立地物源码，线面状地物源码，连线操作码，"绘图处理/源码识别"命令的操作方法	3 人一组，在虚拟仿真测绘系统，按教师指定的测区范围用 MSMT 地形图测绘程序采集碎部点的坐标并赋值源码导出 SouthMap 展点文件；在 SouthMap 执行"绘图处理/源码识别"下拉菜单命令展绘展点文件，根据手工绘制的草图，在 SouthMap 补充连线与修饰数字地形图；3 人分工：1 人在虚拟仿真测绘系统操作虚拟 NTS-552R20 全站仪瞄准碎部点棱镜，1 人操作 MSMT 蓝牙启动虚拟全站仪测距并自动提取碎部点坐标，1 人手工绘制碎部点草图
5	虚拟 银河 6 GNSS-RTK 数字测图训练/3 天	GNSS 测量原理 GNSS-RTK 测量原理 虚拟 GNSS-RTK 坐标转换参数的几何意义 求坐标转换参数操作方法	3 人一组，在虚拟仿真测绘系统，按教师指定的测区范围用 MSMT 地形图测绘程序采集碎部点的坐标并赋值源码导出 SouthMap 展点文件；在 SouthMap 执行"绘图处理/源码识别"下拉菜单命令展绘展点文件，根据手工绘制的操作，在 SouthMap 修饰数字地形图；3 人分工：1 人在虚拟仿真测绘系统操作虚拟 GNSS RTK 放置在碎部点，1 人操作 MSMT 蓝牙启动虚拟 GNSS-RTK 采集碎部点坐标，1 人手工绘制碎部点草图

续表

序	题目/天数	培训内容	考核内容与方法
6	虚拟 NTS-552R20 全站仪建筑物坐标放样/3 天	AutoCAD 基本操作方法：.dwg 格式建筑施工图变换为测量坐标系方法，放样点编号方法，SouthMap 采集设计坐标方法，用 MSMT 蓝牙发送放样点坐标到虚拟 NTS-552R20 全站仪坐标文件，虚拟 NTS-552R20 全站仪坐标放样方法（练习测站与镜站相互配合手势）	按教师指定的建筑物 .dwg 文件，在 AutoCAD 中变换为测量坐标系，在 SouthMap 执行"工程应用/指定点生成数据文件"下拉菜单命令，采集设计点位的坐标文件；将坐标文件复制到手机内置 SD 卡，在 MSMT 点击"坐标传输"按钮，新建一个坐标传输文件，导入 SouthMap 采集的坐标文件，蓝牙发送坐标数据到虚拟 NTS-552R20 全站仪当前坐标文件。在虚拟仿真测绘系统，设置测站点，执行放样命令，从当前坐标文件调用设计点坐标放样；用虚拟钢尺丈量放样点位实际距离并与设计距离检核最后，在坐标传输文件采集放样点的实际坐标，实时与其设计坐标比较，保存实测坐标到另一个新建坐标传输文件导出 Excel 成果文件，在 PC 机 MS-Excel 制作实测坐标与设计坐标比较表格
7	用 MSMT 隧道超欠挖程序蓝牙启动虚拟 NTS-552R20 全站仪进行隧道超欠挖测量/4 天	熟悉隧道右幅主点数据数字化隧道轮廓线方法，了解在 AutoCAD 采集隧道轮廓线主点数据方法掌握 MSMT 隧道超欠挖程序输入路线平竖曲线，轮廓线主点数据，洞身支护参数的几何意义与方法，掌握隧道掌子面测点超欠挖值，水平移距和垂直移距的几何意义及对施工的指导意义	3 人一组，在虚拟仿真测绘系统，1 人将虚拟 NTS-522R20 全站仪安置在隧道内掌子面附近的已知导线点，完成测站设置，打开虚拟 NTS-552R20 全站仪的指向激光，设置合作目标为免棱镜，照准掌子面附近的测点，1 人在 MSMT 点击"蓝牙读数"按钮启动虚拟全站仪测距，并自动提取测点的三维坐标，点击"计算"按钮，实时计算测点的超欠挖值并存入当前成果文件选项卡，完成 20 个测点的超欠挖测量后，导出 Excel 成果文件，通过移动互联网 QQ 或微信发送到教师指定 QQ 地址
8	MSMT 导线网间接平差/1 天	简要介绍导线网间接平差原理，详细介绍导线网点编号规则，掌握 MSMT 平面网/导线网输入已知数据点坐标和观测数据的输入方法，平差成果的意义	1 人一组，接收教师的导线网与观测数据文件，用 MSMT 平面网平差程序平差，并导出 Excel 成果文件，通过移动互联网 QQ 或微信发送到教师指定 QQ 地址

注：学生在安装有虚拟仿真测绘系统的机房远程上课，任课教师线上提供答疑辅导。

七、线下测量培训安排：

线下实物测量仪器培训与线上虚拟仿真测绘系统培训的区别有两点：①线上是在虚拟仿真三维场景中测量，线下是在测量实训基地实景场地测量，操作方法相同；②线上是 MSMT 手机软件蓝牙提取虚拟测量仪器的数据，线下是 MSMT 手机软件蓝牙提取实物测量仪器的数据，操作方法相同。

线下培训由南方测绘和广东科学技术职业学院建筑工程学院联合教学，MSMT 手机软件是建筑工程学院院长覃辉二级教授与南方测绘联合开发的，2018 年 12 月上线，已稳定运行两年多,现已升级为 3.0 版。附表Ⅱ.2 为建筑工程学院测量实训室现有仪器设备清单,按每期线上培训 200 人计算,缺少的测量仪器由南方测绘从广州总部调取。学院现有 5 名测量课专任教师;有 30 名学生已学过测量课程并熟练掌握虚拟仿真测绘系统软件、MSMT 手机软件、SouthMap 数字测图软件;测绘派驻学校约 6 名技术人员参与线上、线下培训辅导。附表Ⅱ.3 为线下实物测量仪器测、算、绘三大技能训练学时分配。

附表Ⅱ.2　广东科学技术职业学院建筑工程学院测量实训室测量仪器设备清单

序	测量仪器名称	台套数
1	DS3 微倾式光学水准仪	50
2	DL-2003A 精密数字水准仪	16
3	NTS-362LNB 蓝牙全站仪	20
4	GNSS 接收机(6 台 S86+6 台银河 6)	12
5	安装虚拟仿真测绘系统机房 PC 机数	200

附表Ⅱ.3　线下实物测量仪器测、算、绘三大技能训练学时分配(共10天,8学时/天,共80学时)

序	题目/天数	培训内容	考核内容与方法
1	实物 DS3 微倾式光学水准仪四等闭合水准测量/1 天	实物 DS3 微倾式水准仪测量一个四等闭合水准路线;人工读数,MSMT 记录;教师现场指导	4 人一组,在校园测量实训基地,按教师统一布设的水准路线,测量一个四等闭合水准路线(与三级闭合导线共点),用 MSMT 水准测量程序记录并完成近似平差,导出 Excel 成果文件,移动互联网发送至培训教师指定的 QQ 地址
2	实物 DL-2003A 精密数字水准仪二等水准测量/0.5 天	实物 DL-2003A 精密数字水准仪测量一个二等水准测量;MSMT 手机蓝牙启动读数记录;教师现场指导	4 人一组,在校园测量实训基地,按教师统一布设的水准路线,测量一个二等闭合水准路线(与三级闭合导线共点),用 MSMT 水准测量程序蓝牙启动 DL-2003A 数字水准仪测量并自动提取数据记录,完成近似平差,导出 Excel 成果文件,移动互联网发送至培训教师指定的 QQ 地址
3	水准网间接平差/1 天	MSMT 水准网间接平差,水准网点编号原则	1 人一组,教师给出一个大型水准网略图,让学生用 MSMT 水准网平差程序平差,导出 Excel 成果文件,移动互联网发送至培训教师指定的 QQ 地址
4	实物 NTS-552R20 全站仪二级闭合导线测量/1.5 天	实物 NTS-552R20 全站仪测量一个闭合导线;MSMT 手机蓝牙启动读数记录	4 人一组,①在校园测量实训基地,按教师统一布设三级闭合导线设站,用 MSMT 水平角观测程序蓝牙启动实物 NTS-552R20 测量并自动提取数据记录,导出 Excel 成果文件;②绘制导线略图,从 Excel 文件摘取导线观测数据,用 MSMT 平面网近似平差程序对该单一闭合导线进行近似平差计算并导出文件的 Excel 成果文件

序	题目/天数	培训内容	考核内容与方法
5	实物 NTS-552R20 全站仪数字测图/1.5 天	MSMT 蓝牙启动实物 NTS-552R20 全站仪测距,自动提取碎部点三维坐标;并赋源码或连线码	4 人一组,在校园测量实训基地,按教师指定的测区范围用 MSMT 地形图测绘程序蓝牙启动实物 NTS-552R20 全站仪采集碎部点坐标并赋值源码导出 SouthMap 展点文件;在 SouthMap 执行"绘图处理/源码识别"下拉菜单命令展绘展点文件,根据手工绘制的草图,在 SouthMap 补充连线与修饰数字地形图; 3 人分工:1 人操作实物 NTS-552R20 全站仪瞄准碎部点棱镜,1 人操作 MSMT 蓝牙启动实物全站仪测距并自动提取碎部点坐标,1 人手工绘制碎部点草图
6	实物银河 6 GNSS-RTK 数字测图/1 天	MSMT 蓝牙控制实物 GNSS-RTK 求坐标转换参数;MSMT 地形图测绘程序蓝牙提取实物 RTK 测量的碎部点三维坐标;并赋源码或连线码	3 人一组,在校园测量实训基地,按教师指定的测区范围用 MSMT 地形图测绘程序蓝牙启动实物 GNSS RTK 采集碎部点的坐标并赋值源码导出 SouthMap 展点文件;在 SouthMap 执行"绘图处理/源码识别"下拉菜单命令展绘展点文件,根据手工绘制的操作,在 SouthMap 修饰数字地形图; 3 人分工:1 人操作实物 GNSS RTK 放置在碎部点,1 人操作 MSMT 蓝牙启动实物 GNSS RTK 采集碎部点坐标,1 人手工绘制碎部点草图
7	实物 NTS-552R20 全站仪建筑物坐标放样/2 天	AutoCAD 基本操作方法;.dwg 格式建筑施工图变换为测量坐标系方法;放样点编号方法;SouthMap 采集设计坐标方法;用 MSMT 蓝牙发送放样点坐标到实物 NTS-552R20 全站仪坐标文件;实物 NTS-552R20 全站仪坐标放样方法(练习测站与镜站相互配合手势)	在校园测量实训基地,按教师指定的建筑物 .dwg 文件,在 AutoCAD 中变换为测量坐标系,在 SouthMap 执行"工程应用/指定点生成数据文件"下拉菜单命令,采集设计点位的坐标文件。将坐标文件复制到手机内置 SD 卡,在 MSMT 点击"坐标传输"按钮,新建一个坐标传输文件,导入 SouthMap 采集的坐标文件,蓝牙发送坐标数据到实物 NTS-552R20 全站仪当前坐标文件,先设置测站点,再执行放样命令,从当前坐标文件调用设计点坐标放样; 在 MSMT 坐标传输文件蓝牙启动实物 NTS-552R20 全站仪采集放样点的实际坐标,实时与其设计坐标比较,保存实测坐标到另一个新建坐标传输文件导出 Excel 成果文件,在 PC 机 MS-Excel 制作实测坐标与设计坐标比较表格
8	实物 NTS-552R20 全站仪照准隧道掌子面,MSMT 手机蓝牙启动实物 NTS-552R20 全站仪测量测点三维坐标,计算并保存测点超欠挖值 1.5 天	在 AutoCAD 采集隧道轮廓线主点数据;在 MSMT 隧道超欠挖程序输入路线平竖曲线,轮廓线主点数据,洞身支护参数;在控制点安置实物 NTS-552R20 全站仪;MSMT 蓝牙启动实物 NTS-552R20 全站仪测量并提取测点三维坐标	2 人一组:在校园测量实训基地,1 人将实物 NTS-552R20 全站仪安置在实训基地已知导线点,完成测站设置,打开实物 NTS-552R20 全站仪的指向激光,设置合作目标为免棱镜,照准学生公寓 6 栋西面墙的掌子面曲线;1 人在 MSMT 点击"蓝牙读数"按钮,启动实物全站仪 NTS-552R20 测距,并自动提取测点的三维坐标,点击"计算"按钮,实时计算测点的超欠挖值并存入当前成果文件选项卡,完成 20 个测点的超欠挖测量后,导出 Excel 成果文件,通过移动互联网 QQ 或微信发送到教师指定 QQ 地址

注:学生集中在广东省珠海市金湾区红旗镇广东科学技术职业学院测量实训基地做测量实验,派约 30 名教师现场指导。

参 考 文 献

[1] 覃辉，马超，郭宝宇，等．控制网平差与工程测量［M］.上海：同济大学出版
社，2021.

[2] 张敏，王志远，文福安，等．虚拟仿真实验的设计与教学应用［M］.北京：高等教
育出版社，2021.

[3] 李天和，张少铖，冯涛，等．工程测量［M］.武汉：武汉大学出版社，2022.

[4] 吕翠华，杜卫钢，万保峰，等．无人机航空摄影测量［M］.武汉：武汉大学出版
社，2022.

[5] 陈琳，刘剑锋，张磊，等．激光点云测量［M］.武汉：武汉大学出版社，2022.

[6] 李长青，张倩斯，赵小平，等．测绘地理信息智能应用(GIS 篇)［M］.北京：测绘
出版社，2022.

[7] 速云中，张倩斯，侯林锋，等．测绘地理信息智能应用(应用篇)［M］.北京：测绘
出版社，2022.

[8] 中华人民共和国住房和城乡建设部．工程测量标准 GB50026—2020［S］.北京：中国
计划出版社，2021.

[9] 中华人民共和国住房和城乡建设部．城市测量规范 CJJ/T8—2011［S］.北京：中国
建筑工业出版社，2011.

[10] 中华人民共和国国家质量监督检验检疫总局，中国国家标准化管理委员会．测绘
成果质量检查与验收 GB/T24356—2009［S］.北京：中国标准出版社，2009.

[11] 广州南方测绘科技股份有限公司．测绘地理信息数据获取与处理职业技能等级标
准［S］.2021.

[12] 广州南方测绘科技股份有限公司．测绘地理信息智能应用职业技能等级标准
［S］.2021.